王亚林 贾金平 编著

HUANJING
JIANCE SHIYAN
JIANMING
JIAOCHENG

环境监测实验简明教程

化学工业出版社
·北京·

内容简介

本书是按照环境科学与环境工程专业以及相关行业发展对人才的需求编写而成，内容紧密结合环境监测的原理、基本实验技能及实验新技术，从培养创新人才、科研型人才的目的出发，注重培养和提高读者的综合分析能力和应用实践能力。全书内容主要包括环境监测实验室基础，水质监测的样品采集、保存及预处理，水与废水监测实验，空气、土壤及其他介质监测实验，综合性及设计性实验五个章节。重点阐述了每个实验的实验目的、基本原理、实验仪器与试剂、实验内容、实验步骤与结果计算、注意事项、思考题等。实验内容有易有难，既有国家标准的验证实验，也有综合设计实验，更有反映科学前沿的创新实验；在使用仪器方面，既有经典的化学分析法、仪器分析法，也有便携式仪器分析法。

全书力求覆盖面宽、内容精选、简明实用，便于实际应用指导和自学，适合各类高校环境类专业本科和专科学生作为教材或教学辅导书，也可作为环境监测或其他环境污染治理技术人员的参考书。

图书在版编目（CIP）数据

环境监测实验简明教程/王亚林，贾金平编著．—北京：化学工业出版社，2022.10（2023.8 重印）

ISBN 978-7-122-41876-0

Ⅰ.①环…　Ⅱ.①王…②贾…　Ⅲ.①环境监测-实验-教材　Ⅳ.①X83-33

中国版本图书馆 CIP 数据核字（2022）第 128721 号

责任编辑：朱　彤　　　　文字编辑：张瑞霞

责任校对：杜杏然　　　　装帧设计：刘丽华

出版发行：化学工业出版社（北京市东城区青年湖南街 13 号　邮政编码 100011）

印　　装：北京科印技术咨询服务有限公司数码印刷分部

787mm×1092mm　1/16　印张 8¾　字数 230 千字　　2023 年 8 月北京第 1 版第 2 次印刷

购书咨询：010-64518888

售后服务：010-64518899

网　　址：http://www.cip.com.cn

凡购买本书，如有缺损质量问题，本社销售中心负责调换。

定　　价：49.00 元

前言

随着环境污染的加剧，我国对环境治理及生态保护的力度不断加大，环境监测技术及分析方法也在不断更新，环境监测实验在分析评价环境质量现状、污染治理实施的处理效果和竣工验收等方面发挥着更加关键的作用，对环境相关人才的要求也日益提高。只有通过不断实践和完成好实验的相关训练，才能真正地掌握环境监测科学及分析技术。为了满足环境监测技术学习的要求，满足环境科学与环境工程及相关专业复合型人才培养体系的需要，作者编写了本书。

本书在编写中综合考虑了环境质量监测和污染源监督性监测中的常规监测项目，并结合作者所在单位（上海交通大学环境与科学工程学院）环境类实验室建设方面所取得的成果，设置了多种类型实验项目。书中主要内容包括水与废水监测实验16个，空气、土壤及其他介质监测实验11个，综合性及设计性实验7个；还详细论述了各项目监测分析方法。此外，编写内容涵盖了环境监测实验室基础知识，包括安全、环境监测实验基本操作，常用仪器设备的使用方法和质量保证等；还简单介绍了水质监测的采样、保存和预处理知识。在质量保证部分则涵盖了监测人员在监测分析过程中必须遵循的原则，以保证监测数据准确、可靠。这些内容都是监测技术人员学习监测实验技术之前所必须掌握的基础知识。

本书的主要编写特点是实验内容兼顾学习的难易程度，既有国家标准的验证实验，也有综合设计实验，更有反映科学前沿的创新性实验。本书的分析手段包括经典的化学分析法、仪器分析法，涉及色谱、原子吸收、ICP及便携式仪器等分析法。由于环境样品复杂，因此编写时还考虑到对样品前处理技术进行介绍。本书适合各类高校环境类专业本科和专科学生作为教材或教学辅导书使用，也可作为环境监测或其他环境污染治理技术人员的参考书。

本书内容历经近二十年的使用、修改和完善。在本课程建设过程中得到了很多老师和同学的帮助：感谢顾嘉南博士、纪蕾朋博士、高冠群博士、胡刘胤博士、石峰博士、廖黎燕博士、李侃博士、张宏波博士、郭清彬博士、李一波硕士等在本实验课程教学以及本书编写过程中给予的大力支持和帮助，还要感谢河北科技大学王改珍教授对教材内容的修改所提出的建议，并感谢常州工学院周品博士给予的支持和帮助。

由于作者水平和时间所限，书中疏漏之处在所难免，敬请各位读者批评指正。

编著者

2022 年 5 月

目　录

第一章　环境监测实验室基础

第二章　水质监测的样品采集、保存及预处理

第三章　水与废水监测实验

第四章　空气、土壤及其他介质监测实验

第五章　综合性及设计性实验

参考文献

附录一

附录二　HS5633A 型数字声级计的使用方法

第一章

环境监测实验室基础

第一节 实验室用水

一、普通纯水

1. 纯水质量标准

水是最常用的溶剂，配制试剂、标准溶液和洗涤均需大量使用。它的质量对分析结果有着广泛和根本性影响，对于不同用途，应使用不同质量的水。按照 ASTM（American Society for Testing and Materials，美国材料与试验协会）纯水标准，表 1-1 给出纯水的级别和标准。

表 1-1 纯水的级别及标准

指标	ASTM-Ⅰ	ASTM-Ⅱ	ASTM-Ⅲ	ASTM-Ⅳ
可溶性物质/(mg/L)	<0.1	<0.1	<0.1	<0.2
电导率(25℃)/(μS/cm)	<0.06	<1.0	<1.0	<5.0
电阻率(25℃)/MΩ·cm	>16.66	>1.0	>1.0	>0.2
pH(25℃)	6.8～7.2	6.6～7.2	6.5～7.5	5.0～8.0
$KMnO_4$ 呈色持续时间(最短)/min	>50	>60	>10	>10

表中 $KMnO_4$ 呈色持续时间是指用这种水配制浓度为 0.01mol/L $KMnO_4$ 溶液的呈色持续时间，它反映了水中还原性杂质含量的多少。

测定痕量元素配制标准水样时，建议使用相当于 ASTM-Ⅰ级的纯水；测定微量元素配制标准水样时，使用 ASTM-Ⅱ级的纯水。

2. 纯水的制备

纯水是指去除原水中可溶性和非可溶性杂质的水。制备纯水的方法很多，最常用的方法是蒸馏法、离子交换法、电渗析法及这几种方法相结合的方法。

(1) 蒸馏法。以蒸馏法制备的纯水常称为蒸馏水，水中常含可溶性气体和挥发性物质。

蒸馏水中的残余物因蒸馏器的材料与结构的不同而异。下面分别介绍几种不同材料蒸馏器及其蒸馏水。

① 金属蒸馏器。金属蒸馏器内壁为纯铜、黄铜、青铜，也有镀纯锡的。这种蒸馏所得水含有微量金属杂质，如含 Cu^{2+} 约 10～200mg/L，电阻率（25℃）为 30～100kΩ·cm。只适用于清洗容器和配制一般试液。

② 玻璃蒸馏器。玻璃蒸馏器由含低碱高硼硅酸盐的“硬质玻璃”制成，含二氧化硅约80%，经蒸馏所得的水中含痕量金属，如含 5μg/L Cu^{2+}，电阻率为 100～200kΩ・cm。适用于配制一般定量分析试液，不宜用以配制分析重金属或痕量非金属试液。

③ 石英蒸馏器。石英蒸馏器含 SiO_2 99.9%以上。所得蒸馏水仅含痕量金属杂质，不含玻璃溶出物。电阻率为 20～300kΩ・cm。特别适用于分析痕量非金属用水。

④ 石英亚沸蒸馏器。它是由石英制成的自动补液蒸馏装置（图 1-1）。其热源功率很小，使水在沸点以下缓慢蒸发，故而不存在雾滴污染问题。所得蒸馏水几乎不含金属杂质（超痕量）。适用于配制除可溶性气体和挥发性物质以外的各种物质的痕量分析用试液。石英亚沸蒸馏器常作为最终的纯水器与其他纯水装置（如离子交换纯水器等）联用，所得纯水的电阻率高达 16MΩ・cm 以上。但应注意保存，一旦接触空气，在 5min 迅速降至约 2MΩ・cm。

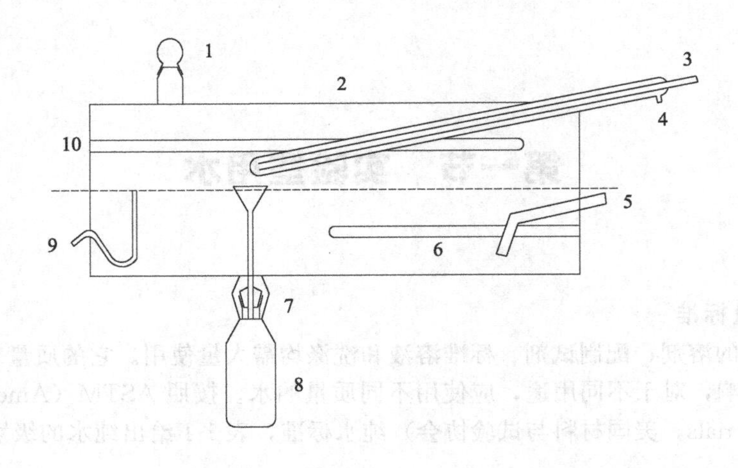

图 1-1　石英亚沸蒸馏器（全磨口）

1—清洗时加液口；2—壳体；3—冷凝水出口；4—冷凝水进口；5—一次蒸馏液入口；6—测温口；7—二次蒸馏液收集口；8—二次蒸馏液收集瓶；9—一次蒸馏液溢口；10—电热丝热管

另外，为了保证用水质量，一次蒸馏的效果较差，有时需要多次蒸馏；同时，通过改变水的酸碱度，除去杂质。例如，第一次蒸馏时加入几滴硫酸，除去重金属；第二次蒸馏时加少许碱溶液，中和可能存在的酸；第三次蒸馏时不加碱或酸。

各种纯化法制得的纯水中所含几种痕量元素的量如表 1-2 所示。

表 1-2　水中各种纯化法的比较

纯化方法	痕量元素/(μg/mL)			
	Cu	Zn	Mn	Mo
铜制蒸馏器皿(内壁为锡)蒸馏	0.01	0.002	0.001	0.002
上述蒸馏水用硬制玻璃(Pyrex)蒸馏器蒸馏一次	0.001	0.00012	0.0002	0.000002
上述蒸馏水用硬制玻璃蒸馏器蒸馏两次	0.0005	0.00004	0.0001	0.000001
上述蒸馏水用硬制玻璃蒸馏器蒸馏三次	0.0004	0.00004	0.0001	0.000001
硬制玻璃蒸馏器蒸馏一次	0.0016	0		
耶那(jena)玻璃蒸馏器蒸馏一次	0.0001	0.003		
Amberlite IR-100 树脂处理一次	0.0035	0		

(2) 离子交换法。以离子交换法制备的水称为去离子水或无离子水。水中不能完全除去有机物和非电解质。去离子水较适用于配制痕量金属分析试液，而不适用于配制有机物分析试液。

在实际工作中，常将离子交换法与蒸馏法联用，即将原水先进行离子交换再蒸馏一次；

也可以先蒸馏再进行离子交换处理，这样就可以得到既无电解质又无微生物及有机质等杂质的纯水。

(3) 电渗析法。一般采用电渗析法可制取电阻率（18℃）为 2MΩ·cm 的纯水。它与离子交换法相比有设备的操作及管理简单、不需酸碱再生使用等优点，实用价值较大。其缺点是当水的纯度提高后，水的电导率就逐渐降低，如继续增高电压，就会迫使水分子电离为 H^+ 和 OH^-，使大量的电消耗在水的电离上，水质却提高得很少。因此，目前也有将电渗析法与离子交换法结合起来制备纯水的方法，即先用电渗析法将水中大量离子除去后，再用离子交换法除去少量离子。这样制得的纯水（电阻率已达 5～10MΩ·cm），不仅纯度高，而且有如下优点：①不需将酸碱再生使用；②易于设备化，易于搬迁，灵活性大；可以置于生产用水设备旁边，就地取纯水使用；③系统简单；④操作方便。

3. 纯水的检验

水质的检验方法较多，常用的方法主要有两种，即电测法和化学分析法。光谱法和极谱法有时也用于水质的检验。

(1) 电测法。此法最简单，它是利用水中所含电杂质与电阻率之间的关系，间接确定水质纯度的一种方法。在 25℃时，以电导仪测得水中电阻率在 0.5MΩ·cm 以上者为去离子水。

(2) 化学分析法

① pH 值的检查。用精密 pH 试纸进行检查，纯水的 pH 值见表 1-1。

② 阳离子定性检查。取纯水 10mL 于试管中，加 3～5 滴 NH_4Cl-$NH_3 \cdot H_2O$ 缓冲溶液（pH＝10），加少许铬黑 T 粉状指示剂［铬黑 T：氯化钠（1：100），研磨混匀］。搅拌待溶解后，如溶液呈天蓝色表示无阳离子存在，若呈紫红色表示有阳离子存在。

③ 氯离子的定性检查。取纯水 10mL 于试管中，加入 2～3 滴（1：1）硝酸，2～3 滴 0.1mol/L 硝酸银溶液，混匀，无白色浑浊出现即表示无氯离子存在。

④ 可溶性硅的定性检查。取纯水 10mL 于试管中，加入 15 滴 1％钼酸铵溶液，加入 8 滴草酸-硫酸混合酸（4％草酸和 4mol/L 的硫酸，按 1：3 比例混合），摇匀。放置 10min，加 5 滴 1％硫酸亚铁铵溶液（硫酸亚铁铵溶液要新配制的），摇匀。如溶液呈蓝色，则表示有可溶性硅；如不呈蓝色，可认为无可溶性硅。

由于化学分析法过程比较复杂，操作麻烦，分析时间较长等缺点，因而一般都采用电测法。只有在无电导仪的情况下才采用化学分析法。

4. 纯水的储存

制备好的纯水要妥为保存，不要暴露于空气中，否则会由于空气中二氧化碳、氨、尘埃以及其他杂质的污染使水质下降。由于非电解质无适当的检验方法，因此可用水中金属离子的变化来观察其污染情况，表 1-3 中列出纯水在不同容器中储存 2 周后其金属离子含量的变化情况。因纯水储存在硬质或涂石蜡的玻璃瓶中都会使金属离子含量增加，故宜储存于聚乙烯容器中或衬有聚乙烯膜的瓶中为妥，最好是储存于石英或高纯聚四氟乙烯容器中。

表 1-3　金属离子含量的变化

水样	储存器皿	金属离子含量/(μg/L)				
		Al	Fe	Cu	Pb	Zn
蒸馏水再经硬制玻璃蒸馏器重蒸馏		10.2	0.9	0.5	0.9	1.4
蒸馏水再经硬制玻璃蒸馏器重蒸馏	储存于硬制玻璃瓶中经 2 周后	10.2	4.5	1.2	3	4.5
蒸馏水再经硬制玻璃蒸馏器重蒸馏	储存于涂石蜡玻璃瓶中经 2 周后	15	10.5	1.4	4.1	5.6
蒸馏水再通过离子交换树脂混合床处理		1	0.5	0.5	0.5	0.5
蒸馏水再通过离子交换树脂混合床处理	储存于聚乙烯容器中经 2 周后	1.3	1.5	0.6	1.5	1.5

二、特殊要求的纯水

在分析某些指标时，分析过程中所用纯水的下列指标含量愈低愈好，这就提出某些特殊要求的蒸馏水及其制取方法。

1. 无氯水

加入亚硫酸钠等还原剂将自来水中的余氯还原为氯离子（以DPD检查不显色），继续用附有缓冲球的全玻璃蒸馏器（以下各项的蒸馏均同此）进行蒸馏制取。DPD，即 *N*,*N*-二乙基对苯二胺。

2. 无氨水

向水中加入硫酸使其pH值<2，并使水中各种形态的氨或胺最终都变成不挥发的盐类，收集馏出液即得（注意避免实验室内空气中含有氨而重新污染，应在无氨气的实验室进行蒸馏）。

3. 无二氧化碳水

（1）煮沸法。将蒸馏水或去离子水煮沸至少10min（水多时），或使水量蒸发10%以上（水少时），加盖放冷即得。

（2）曝气法。将惰性气体或纯氮通入蒸馏水或去离子水至饱和即得。

制得的无二氧化碳水应储存于一个附有碱石灰管的盖严橡皮塞的瓶中。

4. 无砷水

一般蒸馏水或去离子水应能达到基本无砷的要求。应注意避免使用软质玻璃（钙钠玻璃）制成的蒸馏器、树脂管或储水瓶。进行痕量砷的分析时，须使用石英蒸馏器或聚乙烯树脂管和储水桶。

5. 无铅（无重金属）水

用氢型强酸性阳离子交换树脂处理原水即得。注意储水器应预先做无铅处理，用6mol/L硝酸溶液浸泡过夜后，用无铅水洗净。

6. 无酚水

（1）加碱蒸馏法。向水中加入氢氧化钠至pH>11，使水中酚生成不挥发的酚钠后进行蒸馏制得（或可同时加入少量高锰酸钾溶液使水呈紫红色，再进行蒸馏）。

（2）活性炭吸附法。将粒状活性炭加热至150～170℃烘烤2h以上进行活化，放入干燥器内冷却至室温后，装入预先盛有少量水（避免炭粒间存留气泡）的色谱柱中，使蒸馏水或去离子水缓慢通过柱床，按照柱容量大小调节其流速，一般以每分钟不超过100mL为宜。开始流出的水（略多于装柱时预先加入的水量）须再次返回柱中，然后正式收集。此柱所能净化的水量，一般约为所用炭粒表观容积的1000倍。

7. 不含有机物的蒸馏水

加入少量高锰酸钾的碱性溶液于水中使之呈紫红色，再进行蒸馏即得。（在整个蒸馏过程中水应始终保持紫红色，否则应随时补加高锰酸钾。）

第二节　玻璃器皿的洗涤

玻璃器皿的清洁与否直接影响实验结果的准确性与精密度。因此，必须十分重视玻璃器皿的清洗工作。

实验室中所用的玻璃器皿必须是洁净的，洁净的玻璃器皿在用水洗过以后，内壁应留下一层均匀的水膜，不挂有水珠。不同的玻璃器皿洗涤的方法不同；同时，也要根据器皿被污染的情况选择适当的洗涤剂。

一、洁净剂及适用范围

最常见的洁净剂是肥皂液、洗衣粉、去污粉、洗液、有机溶剂等。肥皂液、洗衣粉、去污粉适于用刷子直接刷洗的仪器，如烧杯、锥形瓶、试剂瓶、试管等。

洗液多用于不便用刷子直接刷洗的仪器，如滴定管、移液管、容量瓶、比色管、量筒等刻度仪器或特殊形状的仪器等。

有机溶剂是针对某一种类型油腻污物，需借助有机溶剂能溶解油脂的作用洗除之；或借助某种有机试剂能与水混合而又挥发快的特殊性，冲洗一下带水的仪器将水洗去。例如，甲苯、二甲苯、汽油等可以洗油垢；乙醇、乙醚、丙酮可以冲洗刚洗净而带水的仪器。

二、洗涤液的制备及使用注意事项

1. 强酸性氧化剂洗液

强酸性氧化剂洗液是用 $K_2Cr_2O_7$ 和浓 H_2SO_4 配制，浓度一般为3%～5%。

配制5%的洗液400mL：取工业级 $K_2Cr_2O_7$ 20g 置于40mL 水中加热溶解，冷却后，慢慢加入360mL 工业级浓 H_2SO_4，边加边搅拌，加完后，放冷，装瓶备用。这种洗液有很强的氧化能力，对玻璃器皿有极小的侵蚀作用，所以实验室内使用最广泛。使用时要注意不要溅到身上。洗液倒入要洗的仪器中时，应使玻璃器皿内壁全浸洗后稍停一会儿再倒回洗液瓶。第一次用少量水冲洗刚浸过的仪器，废水不要倒在水池里和下水道里，应倒在废液缸中。六价铬对人体健康有害，所以在可能的情况下，不要多用铬酸洗液。

2. 碱性洗液

常用的碱性洗液有碳酸钠（Na_2CO_3 即纯碱）液、碳酸氢钠（$NaHCO_3$ 即小苏打）液、磷酸钠（Na_3PO_4）液、磷酸氢二钠（Na_2HPO_4）液，个别难洗的油污器皿也有用稀氢氧化钠（NaOH）液的。以上稀碱液的浓度一般都在5%左右。碱性洗液用于洗涤有油污物的玻璃器皿，此洗液通常采用长时间（24h 以上）浸泡法，或浸煮法。

3. 有机溶剂

带有油脂性污物较多的器皿，如移液管尖头、滴管小瓶等可以用汽油、甲苯、二甲苯、丙酮、乙醇、三氯甲烷、乙醚等有机溶剂擦洗和浸泡。

三、玻璃器皿的洗涤方法

1. 常规洗涤法

对于一般的玻璃器皿，应先用自来水冲洗一至两遍除去灰尘，如用强酸性氧化剂洗涤，应将水沥干，以免过多地耗费洗液的氧化能力。若用毛刷蘸取热肥皂液（洗涤剂或去污粉等）仔细刷净内外表面，尤其应注意容器磨砂部分。然后边用水冲，边刷洗至看不出有肥皂液时，用自来水冲洗3～5次，再用蒸馏水或去离子水充分冲洗3次。洗净的清洁玻璃器皿应能被水均匀润湿（不挂水珠）。玻璃器皿经蒸馏水冲洗净后，残留的水分用指示剂或pH试纸检查应为中性。

洗涤时应按少量多次的原则用水冲洗，每次充分振荡后倾倒干净。凡能使用刷子刷洗的玻璃器皿，都应尽量用刷子蘸取肥皂液进行刷洗，但不能用硬质刷子猛力擦洗容器内壁，因易使容器内壁毛糙，易吸附离子或其他杂质，影响测定结果或者造成污染而难以清洗。测定痕量金属元素后，应用稀硝酸浸泡 24h 左右，再用水洗干净。

2. 不便刷洗的玻璃器皿的洗涤法

可根据污垢的性质选择不同的洗涤液进行浸泡或共煮，再按常法用水冲净。

3. 水蒸气洗涤法

有的玻璃器皿，主要是成套的组合仪器，除按上述要求洗涤之外，还要用水蒸气蒸馏法洗涤一定时间。如凯式微量定氮仪，每次使用前应将整个装置连同接收瓶用热蒸汽处理 5min，以便去除装置中的空气和前次实验所遗留的沾污物，从而减少实验误差。

4. 特殊的清洁要求

在某些实验中对玻璃器皿有特殊的清洁要求，如分光光度计上的比色皿，用于测定有机物之后，应以有机溶剂洗涤，必要时可用硝酸浸洗。但要避免用重铬酸钾洗液洗涤，以免重铬酸盐附着在玻璃上。用酸浸后，先用水冲洗，再以去离子水或蒸馏水洗净晾干，不宜在较高温度的烘箱中烘干。如应急使用而要除去比色皿内的水分时，可先用滤纸吸干大部分水分后，再用无水乙醇或丙酮洗涤除尽残存水分，晾干即可使用。参比池也应作同样处理。

第三节　化学试剂

一、化学试剂的质量规格

化学试剂在分析监测实验中是不可缺少的物质，试剂的质量及选择恰当与否，将直接影响分析监测结果。因此，对从事分析监测的人员来说，应对试剂的性质、用途、配制方法等进行充分了解，以免因试剂选择不当而影响分析监测的结果。表 1-4 是我国化学试剂等级标志与某些国家化学试剂等级标志的对照。

此外，还有一些特殊用途的所谓高纯试剂。例如，“色谱纯”试剂，是在最高灵敏度下以 10^{-10} 下无杂质峰来表示；“光谱纯”试剂，它是以光谱分析时出现的干扰谱线的数目强度大小来衡量的，它不能认为是化学分析的基准试剂，这点须特别注意；“放射化学纯”试剂，它是以放射性测定时出现的核辐射强度来衡量的；“MOS”试剂，它是“金属-氧化物-半导体”试剂的简称，是电子工业专用的化学试剂等。

在环境样品分析监测中，一级品可用于配制标准溶液；二级品常用于配制定量分析中的普通试液。在通常情况下，未注明规格的试剂，均指分析纯试剂（即二级品）；三级品只能用于配制半定量或定性分析中的普通试液和清洁液等。

表 1-4　我国化学试剂等级标志与某些国家化学试剂等级标志的对照

	质量次序	1	2	3	4	
我国化学试剂等级标志	级别	一级品	二级品	三级品	四级品	
	中文标志	保证试剂 优级纯	分析试剂 分析纯	化学试剂 化学纯	实验试剂 实验纯	生物试剂
	符号	G. R.	A. R.	C. P.	L. R.	B. R. C. R.
	标签颜色	绿	红	蓝	黄	黄色等
德、美、英等国通用等级和符号		G. R.	A. R.	C. P.		

二、试剂的提纯与精制

如一时找不到合格的分析试剂，可将化学纯或实验试剂经重结晶或蒸馏等提纯试剂的方法进行纯化，以降低杂质的含量和提高试剂本身的纯度。

1. 蒸馏法

本法适用于提纯挥发性液体试剂，如盐酸、硝酸、氢氟酸、高氯酸、氨水等无机酸、碱和氯仿、四氯化碳、石油醚等多种有机溶剂。

2. 等温扩散法

本法适用于在常温下溶质强烈挥发的水溶液试剂，如盐酸、硝酸、氢氟酸、氨水等。此法设备简单，容易操作，所制得的产品纯度和浓度较高。缺点是产量小、耗时，耗酸较多。

此法常在玻璃干燥器中进行，将分别盛有试剂和吸收液（常为高纯水）的容器分放在隔板上下或同放在隔板上，密闭放置。

试剂和吸收液的比例按精制品所需浓度而定，试剂越多而吸收液越少，则精制品浓度越高。如浓盐酸和纯水的比例为3∶1时，则吸收液含氯化氢的最终浓度可高达10mol/L，扩散时间依气温高低而定，大约1～2周。

3. 重结晶法

此法是纯化固体物质的重要方法之一。利用被提纯化合物及杂质在溶剂中不同温度时溶解度的不同来分离出杂质，从而达到纯化的目的。

4. 萃取法

本法适用于某些能在不同条件下分别溶于互不相溶的两种溶剂中的试剂的精制。对有些试剂，可先配成试液，再用萃取法分离出其中的杂质，从而达到提纯的目的。

(1) 萃取精制。改变溶液酸碱性等条件，使溶质在两种溶剂间反复溶解、结晶而达到精制的目的。

(2) 萃取提纯。某些试剂，如酒石酸钠、盐酸羟胺等，可在配成溶液后，用双硫腙的氯仿溶液直接萃取，以除去某些金属杂质。（注意：冷原子吸收法测定汞时，所用盐酸羟胺试剂不能用此法提纯，以免因试剂的残留氯仿吸收紫外线而导致分析误差。）

(3) 蒸发干燥。如将萃取液中的试剂蒸发赶除，所得试剂可干燥后保存之。对热不稳定的试剂，应低温或真空低温干燥。如双硫腙可放于真空干燥箱中，抽气减压并于50℃干燥。

5. 醇析法

本法适用于在其水溶液中加入乙醇时即析出结晶的试剂，如EDTA-Na_2、邻苯二甲酸氢钾、草酸等。加醇沉淀是将试剂溶解于水中，使之成为近饱和溶液，慢慢加入乙醇至沉淀开始明显析出；过滤，弃去最早析出的少量沉淀。再向滤液中加入一定量的乙醇进行沉淀，直至不再有沉淀析出为止；过滤，以少量乙醇分次洗涤沉淀，于适当温度下干燥。对某些在乙醇中易溶的试剂（如联邻甲苯胺），则可向其乙醇溶液中加水，使析出沉淀，以进行提纯。

6. 其他方法

有些试剂可在配成试液后，分别采用电解法、色谱法、离子交换法、活性炭吸附法等进行提纯。提纯后的试液可直接使用，或将溶剂分离后保存备用。

第四节　常用坩埚和研钵

一、常用坩埚

1. 铂坩埚

铂是一种贵金属，熔点为1772℃，可耐1200℃的高温，质软，易变形和受损。因此，使用时应十分小心。在任何情况下，铂器皿都不能用手揉捏，也不得用玻璃棒捣刮。

在常温下，铂的化学稳定性好，仅溶于王水（或含有氯化物的硝酸）、氯水和溴水。含卤素和能析出卤素的物质、盐酸和氧化剂（如 $KClO_3$、NO_3^-、NO_2^-、$KMnO_4$、$K_2Cr_2O_7$、MnO_2 等）的混合物等，对铂器皿有侵蚀作用。

在高温（如加热、灼烧或熔融等）时，铂较为活泼，易受侵蚀，因此使用时须注意。

(1) 铂在高温下能与大多数金属和一些非金属元素形成合金或化合物，因此不能在铂器皿内灼烧或熔融金属；不能在铂器皿内灼烧或熔融在高温时易还原成相应金属和非金属的化合物（如 Pb、Sb、Bi、Sn、Ag、Hg、Cu 等金属化合物以及硫化物、磷和砷的化合物）；不能直接在无石棉板或陶瓷板的电炉或电热板上加热或灼烧铂器皿（避免形成 Fe-Pt 合金）；不能用普通坩埚钳夹取热的铂器皿。另外，组分不明的试样，不可使用铂器皿加热或熔融。

(2) 铂与常用酸不发生化学反应，但高温时会受到浓磷酸的腐蚀。浓盐酸、浓硫酸、氢氟酸在高温下对铂器皿均有侵蚀作用。另 KCl-HCl、$FeCl_3$-HCl 溶液也有较显著的侵蚀。

(3) 铂在高温时还受到碱金属和钡的氧化物、氢氧化物、氰化物、硝酸盐、亚硝酸盐的侵蚀。如不能用 Li_2CO_3 作为熔融剂。但 Na_2CO_3、K_2CO_3 在铂器皿中使用是安全的。

(4) 铂在高温下遇还原气体能形成脆性的碳化铂而破坏铂器皿。因此，铂器皿加热时不能与煤气灯的还原焰接触；滤纸在铂器皿中灼烧时，必须在低温和空气充足的情况下燃烧完全后，才能提高温度。另外，在高温下氢可以渗入铂内，并发生还原反应。因此，最好用电炉加热铂器皿以避免明火焰中的氢。

最后，应注意保持铂器皿的清洁和光亮。使用过的铂器皿，通常用（1∶1）HCl 溶液煮沸清洗。如清洗不净，可用 $K_2S_2O_7$、Na_2CO_3 或硼砂熔融。如仍有污点，则可用纱布包 100 目以上的细砂，加水润湿后，轻轻擦拭，使铂器皿表面恢复正常的光泽。

2. 镍坩埚

镍的熔点为 1453℃，对碱性物质抗腐蚀能力很强，故常用作熔融样品（如铁合金、矿渣、黏土、耐火材料）的容器，并较适用于 NaOH、Na_2O_2、Na_2CO_3、$NaHCO_3$ 以及 KNO_3 等碱性熔剂。但不适用于 $KHSO_4$、$NaHSO_4$、$K_2S_2O_7$、$Na_2S_2O_7$ 等酸性熔剂。

高温时，镍易被氧化，所以熔样温度一般不超过 700℃，且不能用于灼烧沉淀。另外，镍坩埚不能熔融含硫的碱性硫化物样品，也不能熔融 Al、Zn、Pb、Sn、Hg 等金属盐以及硼砂等样品。新镍坩埚应先在马弗炉中灼烧（低于 700℃）呈蓝紫色或灰黑色，除去表面油污，并使表面形成氧化膜；然后用稀盐酸（1∶20）煮沸片刻，用水冲洗干净。

3. 铁坩埚

铁的熔点为 1538℃，价廉。其使用规则和镍坩埚基本相同。但铁坩埚在使用前，应按下法进行钝化处理：先用稀盐酸洗涤，后用细砂纸将坩埚擦净，用热水洗涤。然后将它置于稀 H_2SO_4（5%）和稀 HNO_3（1%）的混合液中浸泡数分钟，用水洗净，烘干后在 300～400℃的马弗炉中灼烧 10min。

4. 银坩埚

银的熔点约为 960℃，但加热温度不能超过 700℃。新的银坩埚需在 300～400℃马弗炉中灼烧后，以热的稀盐酸洗涤（不能用 HNO_3 和较浓 H_2SO_4）。

银坩埚适用于 NaOH 熔剂，不适用于 Na_2CO_3 熔剂，也不适用于熔融含硫样品。

5. 瓷坩埚

瓷坩埚的瓷成分相当于 NaKO∶Al_2O_3∶SiO_2＝1∶8.7∶22 的比值。其内外壁均涂上了一层釉，一般组成为 SiO_2 73%、Al_2O_3 9%、CaO 11%和碱（Na_2O）6%等。其抗腐蚀性比玻璃器皿高。耐热可达 1300℃。但它易被 NaOH、Na_2O_2、Na_2CO_3 等碱性物质侵蚀，还易被氢氟酸和热磷酸溶液腐蚀。另外，还易带入大量硅。一般瓷坩埚适用于熔融 $K_2S_2O_7$ 等酸性物质样品。

6. 石英坩埚

一般类型的石英玻璃约含 99.8% SiO_2，主要杂质为 Na、Al、Fe、Mg、Ti 和 Sb，所以在做这些元素的分析测定时，应尽量避免使用石英坩埚。石英质脆，易破。当熔融温度超过 800℃（石英可耐高温 1700℃）时，石英会变成不透明状态。因此，使用石英坩埚时应小心仔细，且熔融温度尽可能不要超过 800℃。

另外，石英不能和氢氟酸和热磷酸接触，并且高温时，极易和强碱及碱金属的碳酸盐作用。它适用于 $K_2S_2O_7$、$KHSO_4$ 熔融样品和用 $Na_2S_2O_7$（212℃焙干）熔剂处理样品。

7. 刚玉坩埚

刚玉坩埚由多孔性熔融氧化铝制成，质坚而耐熔，耐高温（熔点约为 2045℃），硬度大。

刚玉坩埚适用于无水 Na_2CO_3 等一些弱碱熔剂熔融样品，不适用于 NaOH、Na_2O_2 和酸性熔剂（$K_2S_2O_7$ 等）熔融样品。

8. 聚四氟乙烯坩埚

聚四氟乙烯耐酸耐碱，不受氢氟酸侵蚀，所以主要用于氢氟酸溶样。聚四氟乙烯的另一大优点是溶解样品时不带入金属杂质，且表面光滑耐磨，不易损坏，机械强度较好。但聚四氟乙烯的使用温度一般应控制在 200℃左右，最高不要超过 280℃（可耐温近 400℃），否则将分解出少量聚四氟乙烯，对人体有害。另外，它的热导率小，因此，用它蒸发液体时，消耗时间较玻璃器皿长。

表 1-5 列出了常用熔剂所适用的坩埚。

表 1-5 常用熔剂所适用的坩埚

熔剂种类	适用坩埚						
	铂	铁	镍	银	瓷	刚玉	石英
碳酸钠	—	+	+	—	—	—	—
碳酸氢钠	—	+	+	—	—	+	—
碳酸钠-碳酸钾(1∶1)	—	+	+	—	—	—	—
碳酸钾-硝酸钾(6∶0.5)	—	+	+	—	—	—	—
碳酸钠-硼酸钠(3∶2)	—	—	—	—	+	+	+
碳酸钠-氧化镁(1∶1)	—	+	+	—	—	—	+
碳酸钠-氧化锌(2∶1)	—	+	+	—	+	—	+
碳酸钾钠-酒石酸钾(4∶1)	—	—	—	—	+	+	—
过氧化钠	—	+	+	—	—	—	—
过氧化钠-碳酸钠(5∶1)	—	+	+	+	—	—	—
过氧化钠-碳酸钠(2∶1)	—	+	+	+	—	—	—
氢氧化钾(钠)	—	+	+	+	—	—	—
氢氧化钾(钠)-硝酸钾(钠)(6∶0.5)	—	+	+	+	—	—	—
碳酸钠-硫黄(1∶1)	—	—	—	—	—	+	+
碳酸钠-硫黄(1.5∶1)	—	—	—	—	—	—	+
碳酸氢钾	—	—	—	—	—	—	+
焦硫酸钾	+	—	—	—	—	—	+
焦硫酸钾-氟化氢钾(10∶1)	+	—	—	—	—	—	—
氧化硼	—	—	—	—	—	—	—
硫代硫酸钠(212℃烘干)	—	—	—	—	+	—	—

二、研钵

常用的研钵有玻璃研钵、瓷研钵和玛瑙研钵等。使用时应根据存在的杂质及其对分析工作的影响加以选用。比如，含强碱性物质的样品不应用玻璃研钵。另外，玻璃研钵、瓷研钵研出的样品粒度较粗。

玛瑙研钵：玛瑙是石英的变体，含少量 Fe、Al、Ca、Mg、Mn 等杂质，硬度大，适于研磨许多物质。但其硬度太大，粒度过粗的物质不宜研磨以免损坏其表面。玛瑙也不能受热，不可放在烘箱中烘烤，也不能和氢氟酸接触。洗涤时，如用清水不能洗净，可用稀盐酸洗涤，或用少量 NaCl 研磨，也可和细砂一起研磨清除垢物。

第五节　常用滤纸和滤器

一、滤纸

常用的有定量分析滤纸（简称定量滤纸）和定性分析滤纸两种。它们又分为快速、中速和慢速三类。定量滤纸又称为“无灰”滤纸。一般在灼烧后，每张滤纸的灰分不超过 0.1mg。各种定量滤纸在滤纸盒上用白带（快速）、蓝带（中速）、红带（慢速）作为标志分类。滤纸外形有圆形和方形两种。常用的圆形滤纸有直径 7cm、直径 9cm 和直径 11cm 等规格；方形滤纸有 60cm×60cm、30cm×30cm 等规格。

二、玻璃滤器

玻璃滤器是利用玻璃粉末在 600℃左右下烧结制成的多孔性滤片，再焊接在相同或相似膨胀系数的玻壳或玻管上制成的。有各种形式的滤器，如坩埚（砂芯坩埚或称微孔玻璃坩埚）、漏斗（砂芯漏斗）和筒状（筒式滤器）等。按玻璃滤片的平均孔径大小，玻璃滤片可分为 1～6 号，表 1-6 列出了六种规格滤器及其用途。

⊡ 表 1-6　六种规格滤器及其用途

滤片号	滤片平均孔径/μm	一般用途
1	80～120	滤除粗颗粒沉淀
2	40～80	滤除较粗颗粒沉淀
3	15～40	滤除化学分析中的一般结晶沉淀和杂质,滤除水银
4	5～15	滤除细颗粒沉淀
5	2～5	滤除极细颗粒沉淀
6	2	滤除细菌

三、滤膜

滤膜是海水分析中的重要滤器，也是环境化学分析中的重要工具。海水分析中根据国际规定，通常用 0.45μm 滤器过滤的方法来区分海水中的溶解物和颗粒物。通过这种滤器的海水样品中的全部组分（包括溶解的和分散的），都认为是溶解组分。表 1-7 列出了水分析中的一些常用滤器。

□ 表 1-7　水分析中的一些常用滤器

商品名称	材料	孔径/μm
Millipore-HA	混合纤维素酯类	约 0.45
Frotronic-Silver	银膜	约 0.45
Gelmen-A	硼硅玻璃纤维	0.3
Nuclepore	聚碳酸酯膜	约 0.5
Selectron-BA85	硝酸纤维素膜	约 0.45

思考题：在重量法检测 SO_4^{2-} 的含量实验时，应该先用哪种滤纸？如果实验室没有合适的滤纸应该如何处理？

第六节　常用干燥剂

一、常用无机干燥剂

常用的无机干燥剂有无水 $CaCl_2$、变色硅胶、P_2O_5、MgO、Al_2O_3 和浓 H_2SO_4 等。干燥剂的性能以能除去产品水分的效率来衡量。表 1-8 是一些无机干燥剂的种类及其相对效率。

□ 表 1-8　一些无机干燥剂的种类及其相对效率

干燥剂种类	残余水①/(μg/L)	干燥剂种类	残余水①/(μg/L)
$Mg(ClO_4)_2$	约 1.0	变色硅胶②	70
BaO(96.2%)	2.8	NaOH(91%)	93
Al_2O_3(无水)	2.9	$CaCl_2$(无水)	13.7
P_2O_5	3.5	NaOH	约 500
分子筛 5A(Linde)	3.0	CaO	656
$LiClO_4$	13		

① 残余水是将湿的含 N_2 气体通到干燥剂上吸附，以一定方法称量得到的结果。

② 变色硅胶是含 $CoCl_2$ 盐的二氧化硅凝胶为蓝色，当硅胶在干燥过程中吸收的水分达到了一定程度时，$CoCl_2$ 形成 $CoCl_2 \cdot 6H_2O$，此物质为粉红色。当硅胶干燥剂失去作用时，可以加热再生，烘干后可重复使用。

二、分子筛干燥剂

分子筛种类很多，目前作为商品出售和广泛应用的是 A 型、X 型和 Y 型，见表 1-9。

□ 表 1-9　分子筛的种类和性质

类型	孔径/Å	化学组成	水吸附量(质量分数)/%
A 型:3A(钾 A 型)	3.0	$(0.75K_2O,0.25Na_2O)+Al_2O_3+2SiO_2$	25.0
A 型:4A(钠 A 型)	4.0	$Na_2O+Al_2O_3+2SiO_2$	27.5
A 型:13X(钠 X 型)	10.0	$Na_2O+Al_2O_3+(2.5\pm0.5)SiO_2$	39.5
Y 型	10.0	$Na_2O+Al_2O_3+(3\sim6)SiO_2$	35.2

注：1Å=0.1nm。

用分子筛干燥后的气体中含水量一般小于 10mg/L。它适合于许多气体（如空气、天然气、氢、氧、乙炔、二氧化碳、硫化氢等气体）和有机溶剂（如苯、乙醇、乙醚、丙酮、四氯化碳等）的干燥。

思考题：干燥剂的种类有哪些？分别适用于何种物质的干燥？

第七节　实验室质量保证

监测的质量保证从大的方面可分为采样系统和测定系统两部分。实验室质量保证是测定系统中的重要部分，它分为实验室内质量控制和实验室间质量控制，目的是保证测量结果有一定的精密度和准确度。实验室质量保证必须建立在完善的实验室基础工作之上，以下讨论的前提是假定实验室的各种条件和分析人员是符合一定要求的。

一、实验室内质量控制

内部质量控制是实验室分析人员对分析质量进行自我控制的过程。一般通过分析和应用质量控制图控制分析质量。当发现某种偶然的异常现象，随即采取相应的校正措施。

1. 质量控制图的绘制及使用

对经常性的分析项目常用控制图来控制质量。编制控制图的基本假设是：每个分析方法在操作过程中必然要受到各种因素的影响，因而测定结果存在着变异；但在受控的条件下，数据有一定的精密度和准确度，并按正态分布。若以一个控制样品，用一种方法，由一个分析人员在一定时间内（不允许同一人员同一时间多批次重复）进行分析、累积一定数据，如这些数据达到规定的精密度、准确度（即处于控制状态），以其结果——分析次序编制控制图。在以后的经常分析过程中，取两份（或多份）平行的控制样品与环境样品一起分析。根据控制样品的分析结果，推断环境样品分析质量。质量控制图的基本组成见图 1-2。

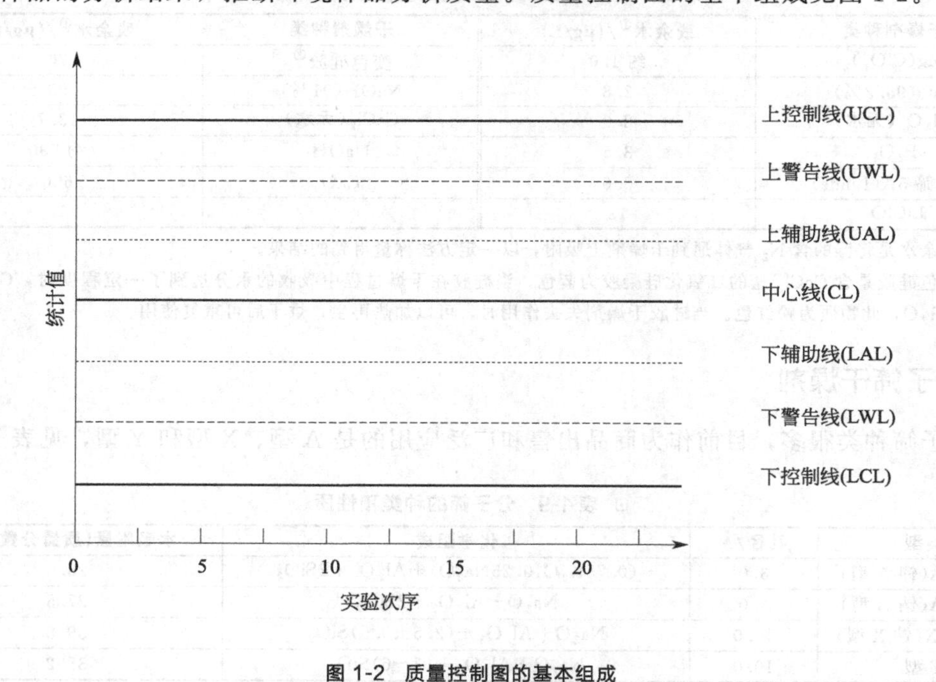

图 1-2　质量控制图的基本组成

预期值——即图中的中心线；

目标值——图中上、下警告线之间的区域；

实测值的可接受范围——图中上、下控制线之间的区域；

辅助线——上、下各一线，在中心线两侧与上、下警告线之间各一半处。

2. 均数控制图（$\bar{x}$ 图）

控制样品的浓度和组成尽量与环境样品相似，用同一方法在一定时间内（例如每天分析一次平行样）重复测定，至少积累 20 个数据（不可将 20 个重复实验同时进行，一次完成）。列出公式计算总平均值、标准偏差 s（此值不得大于标准分析方法中规定的相应浓度水平的标准偏差值）、平均偏差 $\bar{R}$ 等。

$$\bar{x}=\frac{\sum_{i=1}^{n}x_i}{n}$$

$$s=\sqrt{\frac{\sum_{i=1}^{n}(x_i-\bar{x})^2}{n-1}}$$

$$R_i=|x_i-\bar{x}|$$

$$\bar{R}=\frac{\sum_{i=1}^{n}R_i}{n}$$

式中 x_i——样品数据点，$i=1, 2, 3, \cdots, n$；

$\bar{x}$——样品数据点的算术平均值；

s——样品标准偏差；

R_i——样品偏差，$i=1, 2, 3, \cdots, n$；

$\bar{R}$——平均偏差。

以测定顺序为横坐标，相应的测定值为纵坐标作图；同时，作有关控制线。

中心线——以总均数 $\bar{x}$ 估计 μ；

上、下控制线——按 $\bar{x}\pm 3s$ 值绘制；

上、下警告线——按 $\bar{x}\pm 2s$ 值绘制；

上、下辅助线——按 $\bar{x}\pm s$ 值绘制。

在绘制控制图时，落在 $\bar{x}\pm s$ 范围内的点数应约占总点数的 68%。若少于 50%，则分布不合适，此图不可靠。若连续七点位于中心线同一侧，表示数据失控，此图不适用。

控制图绘制后，应标明绘制控制图的有关内容和条件，如测定项目、分析方法、溶液浓度、温度、操作人员和绘制日期等。

均数控制图的使用方法：根据日常工作中该项目的分析频率和分析人员的技术水平，每间隔适当时间，取两份平行的控制样品，随环境样品同时测定。对操作技术较低的人员和测定频率较低的项目，每次都应同时测定控制样品，将控制样品测定的结果（x_i）依次点在控制图上，根据下列规定检验分析过程是否处于控制状态。

（1）如此点在上、下警告线之间区限内，则测定过程处于控制状态，环境样品分析结果有效。

（2）如果此点超出上、下警告线，但仍在上、下控制线之间的区域内，提示分析质量开始变劣，可能存在“失控”倾向，应进行初步检查，并采取相应的校正措施。

（3）若此点落在上、下控制线之外，表示测定过程“失控”，应立即检查原因，予以纠正。环境样品应重新测定。

（4）如遇有七点连续下降或上升时（虽然数值在控制范围之内），表示测定有失去控制的倾向，应立即查明原因，予以纠正。

（5）即使过程处于控制状态，尚可根据相邻几次测定值的分布趋势，对分析质量可能发生的问题进行初步判断。如出现趋向性变化很可能是由系统误差所引起的；如分散度变大则多因实验参数的变化失控或其他人为因素造成。

当控制样品测定次数累积更多以后，这些结果可以和原始结果一起重新计算总均值、标准偏差，再校正原来的控制图。

例：某一铜的控制水样，累积测定 20 个平行样，其结果见表 1-10，试作 $\bar{x}$ 控制图。

表 1-10　铜控制水样测定结果

序号	x_i/(mg/L)	序号	x_i/(mg/L)	序号	x_i/(mg/L)
1	0.251	8	0.290	15	0.262
2	0.250	9	0.262	16	0.270
3	0.250	10	0.234	17	0.225
4	0.263	11	0.229	18	0.250
5	0.235	12	0.250	19	0.256
6	0.240	13	0.263	20	0.250
7	0.260	14	0.300		

解：总均值 $\bar{x}=\dfrac{\sum_{i=1}^{n}x_i}{n}=0.256\ (\text{mg/L})$

$$\text{标准偏差}\ s=\sqrt{\frac{\sum_{i=1}^{20}(x_i-\bar{x})^2}{n-1}}=0.020(\text{mg/L})$$

$$\bar{x}+s=0.276(\text{mg/L}),\bar{x}-s=0.236(\text{mg/L})$$

$$\bar{x}+2s=0.296(\text{mg/L}),\bar{x}-2s=0.216(\text{mg/L})$$

$$\bar{x}+3s=0.316(\text{mg/L}),\bar{x}-3s=0.196(\text{mg/L})$$

根据以上数据作图 1-3。

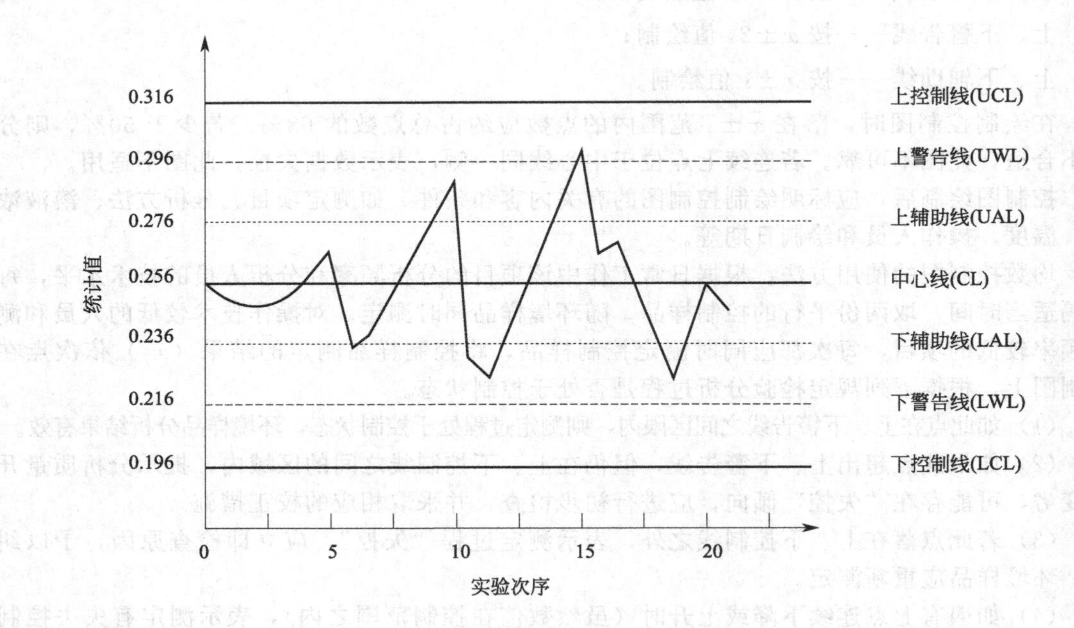

图 1-3　质量控制图

3. 准确度控制图

准确度控制图是直接以环境样品加标回收率测定值绘制而成。同理，在至少完成 20 份样品和加标样品测定后，先计算出各次加标回收率 P，再算出回收率平均值 $\bar{P}$ 和加标回收率标准偏差 s_P，由于加标回收率受加标量大小的影响，因此一般加标量应尽量与样品中待测物质含量相近。当样品中待测物含量小于测定下限时，按测定下限的量加标。在任何情况下，加标量不得大于待测物含量的 3 倍，加标后的测定值不得超出方法的测定上限。

例： 双硫腙法测定水中痕量汞，加标量为 $0.4\mu gHg^{2+}/100mL$，测得加标回收率见表 1-11，试作准确度控制图。

解： 根据监测方法规定相应含汞量水样的加标回收率应为 89%～111%，表 1-11 数值全部合格。平均加标回收率 $\bar{P}=\frac{\sum P}{n}=100.1\%$

加标回收率标准偏差 $s_P=3.34\%$

上、下辅助线 $\bar{P}\pm s_P$ 分别为 103.4%和 96.8%；

上、下警告线 $\bar{P}\pm 2s_P$ 分别为 106.8%和 93.4%；

上、下控制线 $\bar{P}\pm 3s_P$ 分别为 110.1%和 90.1%。

表 1-11 双硫腙法测汞的加标回收率

序号	回收率/%	序号	回收率/%	序号	回收率/%	序号	回收率/%
1	100.3	6	97.5	11	99.2	16	92.6
2	98.2	7	101.0	12	99.2	17	98.1
3	100.8	8	101.0	13	107.4	18	99.4
4	100.5	9	102.5	14	104.5	19	104.0
5	97.5	10	95.0	15	100.0	20	103.0

以此画成控制图，落在 $\bar{P}\pm s_P$ 范围内的点是 15 个，占总数的 75%。故此控制图合格。准确度控制图使用方法与前同。

二、实验室间质量控制

实验室间质量控制的目的是检查各实验室是否存在系统误差，找出误差来源，提高监测水平。

1. 误差测验

为检查实验室间是否存在系统误差，它的大小和方向以及对分析结果的可比性是否有显著影响，可以定期地对有关实验室进行误差测验。

误差测验的方法是将两个浓度不同（分别为 x_i、y_i，两者相差约±5%）、组分相似的样品同时分发给各个实验室，分别对其作单次测定；并在规定的日期内上报测定结果 x_i 和 y_i。计算每一浓度的均值 $\bar{x}$ 和 $\bar{y}$，在方格坐标纸上画出值的垂直线 $\bar{x}$ 和 $\bar{y}$ 值的水平线。然后将各实验室的测定结果（x、y）点于图中。此图称为双样图，见图 1-4，可根据图形判断实验室存在的误差。

根据随机误差的特点，各点应分别高于或低于平均值，且随机出现。因此，如各实验室间不存在系统误差，则各点应随机分布在四个象限，即大致成为一个以代表两均值的直线交点为中心的圆形，如图 1-4(a) 所示。

如各实验室间存在系统误差，则实验室测定值双双偏高或双双偏低，即测定点分布在＋＋或－－象限内，形成一个与纵轴方向约成 45°倾斜的椭圆形，如图 1-4(b) 所示。根据此椭圆形的长轴与短轴之差及其位置，可估计实验室间系统误差的大小和方向。

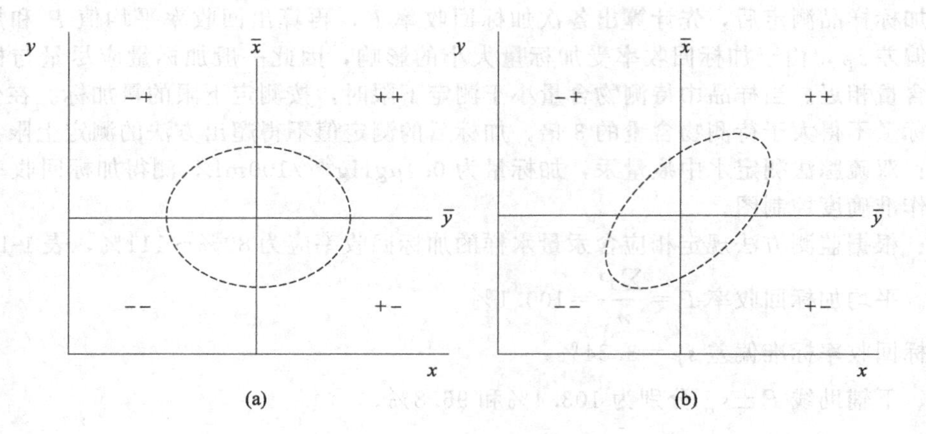

图 1-4 双样图

根据各点的分散程度来估计各实验室间的精密度和准确度。

2. 误差分析

（1）标准差分析。将各对数据（x_i，y_i）分别求和值、差值：

和值	差值
$x_1+y_1=T_1$	$\lvert x_1-y_1\rvert=D_1$
$x_2+y_2=T_2$	$\lvert x_2-y_2\rvert=D_2$
…	…
$x_n+y_n=T_n$	$\lvert x_n-y_n\rvert=D_n$

取和值 T_i 计算各实验室数据分布的标准偏差：

$$s=\sqrt{\frac{\sum_{i=1}^{n}(T_i-\bar{T})^2}{2(n-1)}}$$

式中，分母除以 2 是因为 T_i 值中包括两个类似样品的测定结果而含有两倍的误差。

因为标准偏差可分解为系统标准偏差和随机标准偏差，当两个类似样品测定结果相减，使系统偏差消除，故可取差值 D_i 计算随机标准偏差：

$$s_r=\sqrt{\frac{\sum_{i=1}^{n}(D_i-\bar{D})^2}{2(n-1)}}$$

如 $s=s_r$，即总标准偏差只包含随机标准偏差，表明实验室间不存在系统误差。

（2）方差分析。当 $s_r<s$ 时需以方差分析进行检验：

计算

$$F=\frac{s^2}{s_r^2}$$

根据给定显著性水平（0.05）和 s、s_r 的自由度（f_1、f_2），查方差分析 F 数值表。

若 $F\leqslant F_{0.05}$（f_1、f_2），表明在 95%置信水平时，实验室间所存在的系统误差对分析结果的可比性无显著性影响，即各实验室分析结果之间不存在显著性差异。

如 $F>F_{0.05}$（f_1、f_2），则实验室间所存在的系统误差将显著影响分析结果的可比性，应找出原因并采取相应的校正措施。

第八节　实验室安全

实验室本身就存在着某些危险因素，但只要实验室分析人员严格遵守操作规程和规章制度，无论做什么实验都要牢记安全第一，经常保持警惕，事故就可以避免。如果预防措施可靠，发生事故后处理得当，就可使损害减小到最低程度。有关水质监测实验室的安全知识可参阅如《环境水质监测质量保证手册》等工具书中的有关论述。这里只将水质监测实验室可能存在的某些危险因素及注意要点作简要介绍。

一、易燃易爆物质

1. 易燃液体

实验室常用的有机溶剂中除少数几种外，大多数都是易燃易爆的。它们的沸点低、挥发性大、闪火点（闪点）都在室温甚至0℃以下，极易着火。

在使用闪点低于室温的溶剂时，应遵守下列防火安全规定。

(1) 不能用明火加热蒸发，尽可能用水浴加热，如果用电炉加热时，电炉丝应密封不裸露在外面。

(2) 不准在敞口容器如烧杯、三角瓶之类的容器中加热或蒸发。

(3) 溶剂存放或使用地点距明火火源至少 3m 以上。

(4) 减压蒸馏时，应先减压后加热。蒸馏完毕准备结束实验时，应先停止加热，待冷至适当温度无自燃危险时再停真空泵。

(5) 实验室内应装有防爆抽气通风机，每日在进实验室前应抽气 5～10min，再使用其他电器，包括电灯。

(6) 在实验室内易燃溶剂的存放量一般不应超过 3L。特别是在夏天，大量存放易燃溶剂既不安全，对人又有较大的危害。装易燃溶剂的玻璃瓶不要装满，装 2/3 左右即可。

以上仅是关于防火安全方面主要的，也是经常遇到的一些应注意的事项。万一不慎失火时，首先要冷静，并迅速切断电源，用石棉布或防火砂子将火扑灭。**绝对不可用水去灭火，**用水不但不能灭火，反而会助长火势。因水的密度较大，使有机溶剂上浮更易燃烧，应特别注意。在可能的情况下，最好不要用泡沫灭火器或四氯化碳灭火器去灭火，前者污染环境，后者易在高温下生成对人体有毒的光气，只有在火势较大，用简单的方法难以扑灭时，才用这类灭火器。

2. 强氧化剂

这类物质都是氧化物或具有很强氧化能力的含氧酸及其盐类，在适当条件下会发生爆炸。如硝酸铵、硝酸钾（钠）、高氯酸（也属强腐蚀剂）、高氯酸钾（钠）、过硫酸铵及其他过硫酸盐、过氧化钠（钾）、过氧化钡、过氧化二苯甲酰等。这类物质严禁与还原性物质，如有机酸、木屑、炭粉、硫化物、糖类等易燃、可燃物质或易被氧化的物质接触，并应严格隔离，存放在低于 30℃的阴凉通风处。

实验中常用高氯酸与硝酸或硫酸的混酸消解有机物，实验时要小心操作，严禁将高氯酸加到热的含有机物的溶液中去。（**注意：在加高氯酸之前，先用硝酸进行预消解，将大量还原性的有机物破坏之后，才能加入高氯酸作最后消解。**）高氯酸盐常积聚在通风橱或排气系统中，积聚的高氯酸盐与有机物相遇会发生猛烈爆炸，故应定期清洗通风橱或排气系统。

3. 压缩和液化气体

压缩和液化气体，如氢气、氧气、乙炔气、二氧化碳、氮气、液化石油气等，在受热、撞击、日光照射、热源烘烤等条件下易发生爆炸。压缩氧气若与油类接触也能燃烧爆炸。此类物品应储存于防火仓库，并应避免日晒和受热，放置要平稳，避免振动，运输时不许在地面上滚动。

二、剧毒和致癌物质

1. 砷及其化合物

无机砷的化合物用于制备标准溶液，也可能存在于工业废水中。砷的毒性很大，特别是有机砷化物，可引起肺癌和皮肤癌，要避免吸入口中和接触皮肤。

2. 汞及其化合物

汞盐常用于制备标准溶液，液态汞是一种具有毒性的挥发性物质。有机汞的毒性更大，因此对含汞的废水样品的处理要在通风橱中操作，避免汞的蒸气污染环境。如有液态汞撒落在地上时，要立刻将硫黄粉撒在汞上面以减少汞的蒸发量。

3. 氰化物

氰化物常用作络合剂、滴定钙镁时的掩蔽剂。大多数氰化物是有毒的，严禁入口。氰化物常存于工业废水中，因此处理含氰化物的样品时要在通风橱内进行操作，防止吸入。因含氰的酸性溶液会产生有毒气体氰化氢，所以切忌酸化氰化物溶液，严禁将氰化物直接倒入下水道。

4. 叠氮化合物

叠氮化钠在很多分析方法中应用，包括溶解氧的测定。它有毒，并与酸反应产生毒性更大的叠氮酸，当排入下水道时，可与铜质或铅质管配件起作用并蓄积起来。此种金属的叠氮化合物很易爆炸和起火，采用10%氢氧化钠溶液来浸泡处理可消除蓄积在排水管和存水弯头中的叠氮化合物。

5. 有毒和致癌性的有机化合物

在许多测定实验中需用到一些有毒有机试剂和固体的有机试剂，如氯仿、乙醚、苯、2-萘胺、六六六等。使用时应注意避免通过口、肺、皮肤而引起中毒。

三、实验室安全规则

(1) 实验室内严禁饮食、吸烟，一切化学药品禁止放入口内。

(2) 不可用湿润的手去接触电闸和电器开关。

(3) 浓酸、浓碱具有强烈的腐蚀性，切勿溅在皮肤和衣服上。使用浓 HNO_3、HCl、H_2SO_4、$HClO_4$、氨水时，均应在通风橱中操作，决不允许在实验室加热。如不小心溅到皮肤和眼内，应立即用水冲洗，然后用5%碳酸氢钠溶液（酸腐蚀时采用）或5%硼酸溶液（碱腐蚀时采用）冲洗，最后用水冲洗。

(4) 使用 CCl_4、乙醚、苯、丙酮、三氯甲烷等有机溶剂时，一定要远离火焰和热源。使用完后将试剂瓶塞严，放在阴凉处保存。

(5) 如发生烫伤，可在烫伤处抹上黄色的苦味酸溶液或烫伤软膏。严重者应立即送往医院治疗。实验室如发生火灾，应根据起火的原因进行针对性灭火。乙醇及其他可溶于水的液体着火时，可用水灭火；汽油、乙醚等有机溶剂着火时，用砂土扑灭，此时绝对不能用水，否则反而扩大燃烧面；导线或电器着火时，不能用水及二氧化碳灭火器，而应首先切断电源，用 CCl_4 灭火器灭火。衣服着火时，切忌奔跑，而应就地躺下滚动，或用湿衣服在身上抽打灭火。

第二章

水质监测的样品采集、保存及预处理

第一节 水样的采集

为了能够真实地反映水体的质量，除了分析方法标准化和操作程序规范化之外，特别要注意水样的采集和保存。首先，采集的样品要代表水体的质量。其次，采样后易发生变化的成分，需要在现场测定；带回实验室的样品，在测定之前要妥善保存，确保样品在保存期间不发生明显的物理、化学、生物等变化。

采样的地点、时间和采样频率，应根据监测目的和水质的均一性、水质的变化、采样的难易程度、所采用的分析方法、有关的环保条例，以及人力、物力等因素综合考虑。

一、环境水样的采集

1. 河流采样断面和采样点的设置

(1) 在选择河流采样断面时，首先应注意其代表性，通常考虑以下情况。

① 污染源对水体水质影响较大的河段，一般设置三种断面：对照断面、控制断面和消减断面。

对照断面：反映进入本地区河流水质的初始情况。布设在进入城市、工地排污区的上游，不受该污染区影响的地点。

控制断面：布设在排放区的下游，能反映本污染区状况的地点。根据河段被污染的情况，可布设一个和数个控制断面。

消减断面：布设在控制断面下游，污染物达到充分稀释的地方。

② 在大支流或特殊水质的支流汇合之前，靠近汇合点的主流与支流上，以及汇合点的下游（在认为已充分混合的地点）布设断面。

a. 流程途中遇有湖泊、水库时，应尽可能靠近流入口设置断面。

b. 某些特殊地点或地区，如饮用水源、水资源丰富地区等应视其需要布设断面。

c. 水质变化小或污染源对水体影响不大的河流，布设一个断面即可。

此外，布设采样断面时，还要考虑采样点的地理位置、地形、地貌和水文地质情况，以及交通是否便利，有无桥梁和采样难易等。

潮汐河流采样断面的布设，原则上与河流相同。对照断面一般应设在潮汐区界以上，其消减断面布设在靠近入海口处。

（2）河流断面垂线的布设，通常遵照下述原则：

① 在河流上游，河床较窄、流速很大时，应选择能充分混合、易于采样的地点。

② 宽度＜50m 的河流，应在河流中心部位采集水样。在实际上很难找出河流的中心部位时，应采集流速最快的那部分的水样。

③ 当河宽＞100m 时，水流不易充分混合，除在河流中心部位布设垂线外，应在河流的左右部位增设垂线。

（3）断面垂线上采样点的布设。应根据河流的深度确定，方法可参考表 2-1。

表 2-1　垂线上采样点的布设

水深	采样点数	说明
≤5m	1 点(距水面 0.5m)	水深不足 1m 时,在 1/2 水深处
5～10m	2 点(距水面 0.5m,河底以上 0.5m)	河流封冻时,在冰下 0.5m 处
＞10m	3 点(水面下 0.5m,1/2 水深,河底以上 0.5m)	若有充分数据证明垂线上水质均匀,可酌情减少采样点数

2. 湖泊、水库采样断面和采样点的布设

湖泊、水库可按照湖库区的不同水域，如进水域、出水域、深水区、浅水区、湖心区、岸边区及湖边城市水源区，按水体功能布设监测垂线。若无明显功能区分，可用网格法均匀布设断面垂线。

垂线上采样点的布设与河流基本相同。但是，因湖、库水体有分层现象，水质可能出现明显的不均匀性。为了调查成分的垂直分布，往往要在不同深度进行采样。可先通过现场条件下水温、pH 值、氧化-还原电位、溶解氧等易于测定的项目，达到对分层状况的了解，然后确定采样点的位置。

3. 地下水的采样布设

地下水布点时不仅要掌握污染源的分布、类型和污染物扩散条件，还要弄清地下水的分层和流向等情况。一般布设背景值监测井和污染控制监测井。监测井可以是新打的，也可以是已有的水井。

4. 采样方法

（1）采集自来水或抽水设备中的水样时，应先放水数分钟，使积留在水管中的杂质及陈水排出，然后取样。

（2）在采集河流、湖泊、水库的表层水时，可用适当的容器如水桶采样，可将系着绳子带有坠子的采样桶投于水中采集水样；同时，要注意不能混入漂浮于水面上的物质。

（3）对于自喷的泉水，可在涌口处直接采样。对于不自喷泉水，应将停滞在抽水管的水吸出，新水更替之后，再进行采样。

从井内采集水样，必须在充分抽吸之后进行，以保证水样能代表地下水水源的水质。

5. 采样频率

应根据监测目的而定，一般常规监测为每月一次或每季一次，至少每年两次（丰水期和枯水期）。

6. 水样类型

（1）瞬时水样。瞬时水样是指在某一时间和地点从水体中随机采集的分散水样。当水体水质稳定，或其组分在相当长的时间或相当长的空间范围内变化不大时，瞬时水样具有很好的代表性。

（2）时间混合水样。混合水样是指在同一采样点于不同时间所采集的瞬时水样的混合水样，适合观察平均浓度，但不适用于被测组分在储存过程中发生明显变化的水样。

（3）综合水样。将不同采样点同时采集的各瞬时水样混合后所得到的样品称为综合水样。

二、废水样品的采集

为了采集到有代表性的废水，采样前应该了解污染源的排放规律和废水中污染物浓度的时、空变化。在采样的同时还应测量废水的流量，以获得排污量数据。

1. 采样部位

（1）从排放口采样。当废水从排放口直接排放到公共水域时，采样点应布设在厂、矿的总排污口和车间、工段排污口。在评价污水处理设施时，要在设施使用前后都布设采样点。

（2）从水中采样。当废水以水路形式排到公共水域时，为了不使公共水域倒流，应设适当的堰，从排水渠中采样。对于用暗渠排放废水的地方，也要在排放口以内采样，并要避开在公共水域的水可能倒流之处采样。

在排水口或渠道中采样时，不应在具有湍流状况的部位采集，并防止异物流入水样。

2. 采样的时间和频率

废水中污染物质的浓度及其排放量与生产的工艺流程和生产的管理情况密切相关，废水样品采集的时间和频率的选择是一个复杂的问题。一般情况下，工业废水的采样时间应选择在开工率、设备运转等处于正常状况时。采样的时间间隔应根据生产周期和排污情况（均匀性）而定。

废水样品采集的基本类型可分为瞬时废水样、平均废水样和平均比例混合水样。

（1）瞬时废水样。一些工厂的生产工艺过程连续、恒定，废水中组分及浓度随时间变化不大，可采用瞬时取样的方法采集水样。

瞬时采样也适用于采集有特定要求的废水样。例如，某些平均浓度合格，但高峰排放浓度超标的废水，可隔一定时间采集瞬时水样，分别分析，将测定数据绘制成时间-浓度关系曲线，并报告平均浓度和高峰排放时的浓度。

（2）平均废水样。生产的周期性影响排污的规律性，为了得到有代表性的废水样，应根据排污情况进行周期性采样。不同的工厂、车间生产周期时间长短不一，排污的周期性差别也很大。一般地说，应在一个或几个生产或排放周期内，按一定的时间间隔分别采样。对于性质稳定的污染物，可对分别采集的样品混合后进行一次测定；对于不稳定的污染物可在分别采样、分别测定后取平均值。

（3）平均比例混合水样。生产的周期也影响废水的排放量，在排放流量不恒定的情况下，可将一个排污口不同时间的废水样依照流量的大小，按比例混合，得到“平均比例混合水样”，这是获得平均浓度最常采用的方法。有时需将几个排污口的水样按比例混合，以获得代表瞬时综合排污浓度的水样。

三、样品容器

负责分析样品的实验室，必须根据分析的实验目的，考虑样品的保存方法并推荐样品容器的类型。样品容器必须抗破裂、清洗方便、密封性和启封性均好，更为重要的是容器材质的选择，主要有以下几条原则。

（1）容器不能是新的污染源。例如，测定硅、硼时，不能使用硼硅玻璃瓶。

（2）容器器壁不应吸收或吸附某些待测组分。例如，测定有机物时不应使用聚乙烯瓶。

（3）容器不应与某些待测组分发生反应。例如，测氟的水样不应储存于玻璃瓶中。

（4）测定对光敏感的组分，其水样应储存于深色瓶中。

除了应注意容器材质的选择外，还要注意根据水样测定项目的要求来确定清洗容器的原则，所用洗涤剂的类型要视待测组分而定。例如，测定油和脂类的容器不宜用肥皂洗涤，测定铬的容器不能用铬酸钾-硫酸洗液洗涤等。

第二节　水样的保存

一、水样保存的要求和保存措施

适当的保护措施虽然能够降低水样变化的程度或减缓变化的速度，但并不能完全控制这种变化。有些测定项目的组分特别容易发生变化，必须在采样现场进行测定；有些项目在采样现场采取一些简单的预处理措施后，能够保存一段时间。水样允许保存的时间与水样的性质、分析的项目、溶液的酸度、储存容器、存放温度等多种因素有关。

1. 保存水样的基本要求

（1）减缓生物作用。

（2）减缓化合物或配合物的水解及氧化-还原作用。

（3）减少组分的挥发和吸附损失。

2. 常采用的保存措施

（1）选择适当材料的容器。

（2）控制溶液的 pH 值。

（3）加入化学试剂，抑制氧化-还原反应和生化作用。

（4）冷藏或冷冻以降低细菌活性和化学反应速度。

二、保存技术

推荐的水样保存技术列于表 2-2 中，它只作为保存水样的一般指导，水样的保存条件应该和分析方法的要求一致，二者应该相容。此外，如要测定“可过滤态”部分，应在采样后立即用 0.45μm 的微孔滤膜过滤，在暂时没有 0.45μm 微孔滤膜的情况下，泥沙型水样可用离心等方法替代；含有机质多的水样可用滤纸或砂芯漏斗过滤。如果要求测定组分的全量，采样后必须立即加入保护剂，分析测定时应充分摇匀后取样。

表 2-2　推荐的水样保存技术

序号	测定项目	容器材质	保存方法	最长保存时间	备注
1	温度	P、G			现场测定
2	悬浮物	P、G	2～5℃		尽快测定
3	色度	P、G	2～5℃	24h	现场测定
4	嗅	G		8h	最好现场测定
5	浊度	P、G			最好现场测定
6	pH	P、G	低于水体温度（2～5℃冷藏）	6h	最好现场测定
7	电导率	P、G	2～5℃冷藏	24h	最好现场测定

续表

序号	测定项目	容器材质	保存方法	最长保存时间	备注
8	Ag	P、G	加 HNO_3 酸化至 pH＜2，或用浓氨水将水样调成碱性，然后在每100mL水样中加入1mL碘化氰（CNI），混匀沉降，静置1h后分析	数月	尽快测定；测定碘化氰（CNI）时，将6.5g氰化钾，5.0mL、1mol/L碘溶液和4.0mol/L浓氨水加到50mL水中，混匀后稀释至100 mL可稳定两周
9	As	P、G	加 H_2SO_4 酸化至 pH＜2	7d	
10	Al（电极法）	P、G	现场过滤，加 HNO_3 酸化至 pH＜2	6个月	
	Al（碘量法）		加 HNO_3 酸化至 pH＜2		
11	Ba、Be、Ca、Cd、Fe、Mg、Ni、Pb、Sb、Sn、Se、Zn、Mn	P、G	同Al	6个月	
12	Th、U	P	加 HNO_3 至 HNO_3 的浓度为1mol/L	6个月	
13	Cr（六价）	P	加NaOH至pH＝8～9		当天测定
	Cr（总量）	P、G	加 HNO_3 酸化至 pH＜2		
14	Hg	G	加 HNO_3 酸化至 pH＜2，并加入 $K_2Cr_2O_7$ 使其浓度为0.05%	半月	
15	硬度	P、G	2～5℃冷藏	7d	
16	酸度及碱度	P、G	2～5℃冷藏	24h	最好现场测定
17	二氧化碳	P、G			现场测定
18	溶解氧	G	加硫酸锰和碱性碘化钾试剂	4～8h	现场测定
19	氨氮、凯氏氮、硝酸盐氮	P、G	加 H_2SO_4 酸化至 pH＜2 2～5℃冷藏	24h	
20	亚硝酸盐氮	P、G	2～5℃冷藏		立即分析
21	总氮	P、G	加 H_2SO_4 酸化至 pH＜2	24h	
22	可溶性磷酸盐	G	采样后立即过滤，2～5℃冷藏	48h	
23	总磷	P、G	加 H_2SO_4 酸化至 pH＜2 2～5℃冷藏	数月	
24	氟化物	P	2～5℃冷藏	28d	
25	总氰化物	P、G	加NaOH至pH＞12	24h	
26	游离氰化物	P、G	保存方法取决于分析测定方法		
27	溴化物	P、G		28d	
28	碘化物	P、G	2～5℃冷藏	24h	
29	余氯	P、G		6h	最好现场测定
30	硫酸盐	P、G	2～5℃冷藏	28d	
31	硫化物	P、G	用NaOH调至中性，每升水样加2mL、1mol/L乙酸锌和1mL、1mol/LNaOH	7d	
32	硼	P、G		28d	
33	COD	P、G	加 H_2SO_4 酸化至 pH＜2 2～5℃冷藏	7d 24h	最好尽早测定
34	BOD_5	P、G	冷冻 pH＜2	1个月 4d	
35	总有机碳（TOC）	G	加 H_2SO_4 酸化至 pH＜2，冷冻	7d	

续表

序号	测定项目	容器材质	保存方法	最长保存时间	备注
36	油、脂	G	加 H_2SO_4 酸化至 pH<2 2～5℃冷藏	24h	
37	有机磷农药	G	2～5℃冷藏		现场萃取
38	有机氯农药	G	2～5℃冷藏	24h	
39	挥发酚	P、G	每升加 1g $CuSO_4$ 抑制生化作用，用 H_3PO_4 酸化至 pH<2	24h	
40	离子型表面活性剂	G	加入氯仿，2～5℃冷藏	7d	
41	非离子型表面活性剂	G	加入 40%（体积分数）的甲醛，使样品含 1%（体积分数）的甲醛，并使采样容器完全充满，2～5℃冷藏	1个月	
42	细菌总数		冷藏	6h	
43	大肠菌群		冷藏	6h	

注：G 指硼硅玻璃；P 指塑料。

三、样品的管理

对采集到的每一个水样都要做好记录，并在每一个瓶子上做上相应的标记。要记录足够的资料为日后提供确定的水样鉴别；同时，记述水样采集者的姓名、气候条件等。

在现场观测时，现场测量值及备注等资料可直接记录在预先准备的记录表格上。

不在现场进行测定的样品也可用其他形式做好标记。

装有样品的容器必须妥善保护和密封。在输送中除应防止振动、避免日光照射和低温运输外，还要防止新的污染物进入容器和沾污瓶口。在转交样品时，转交人和接收人都必须清点和检查并注明时间，要在记录卡上签字。样品送至实验室时，首先要核对样品，验明标志，确切无误时方能签字验收。

样品验收后，如果不能立即进行分析，则应妥善保存，减小样品组分的挥发和发生变化及被污染的可能性。

第三节　水样的预处理

水样的预处理有很多种方法，包括湿式消解法和干法灰化。如果被测成分浓度低或监测方法灵敏度低或有干扰，还可以采用富集与分离等方法，包括挥发和蒸发浓缩、蒸馏法、溶剂萃取分离法、离子交换分离法、共沉淀法、吸附法等。除此之外，还有提取法，包括振荡浸取、组织捣碎、脂肪提取器（索氏萃取器）等技术。近年，随着信息技术和仪器的大力发展，还产生了一些新的样品前处理技术，如固相萃取技术、超临界流体萃取技术、微波辅助溶剂萃取技术、固相微萃取技术等。在此作一些简单介绍。

一、试样的消解

1. 湿式消解法

湿法消解也称消解法。一般是利用硫酸、硝酸、高氯酸等两种或三种混合酸，与试样共同加热至一定体积，使有机物分解成二氧化碳和水，悬浮物和生物体溶解，金属离子氧化为高价态，以排除还原物质的干扰。为了加速氧化反应，可加入氧化剂或催化剂，如高锰酸钾、过氧化氢、五氧化二钒、过硫酸钾、钼酸钠等。

(1) 硫酸-硝酸消解多用于生物样品和浑浊污水的处理，不适用于能形成硫酸盐沉淀的样品。硝酸氧化能力强，沸点较低，而硫酸沸点高，因此，二者结合使用，消解效果好。常用的硫酸与硝酸的比例为 2∶5，消解时先加硫酸于试样中，加热蒸发至较小体积，再加硝酸、硫酸加热至冒白烟。

(2) 硝酸-高氯酸消解适用于含难氧化有机物的样品。两种混合酸氧化能力强，高氯酸沸点较高，能有效破坏有机物。但高氯酸与羟基化合物生成不稳定的高氯酸酯而发生爆炸。为避免发生危险，应预先加硝酸处理使羟基氧化，冷却后，再加硝酸和高氯酸进行消化。

(3) 硝酸消解法：用于较清洁的水样。

(4) 硝酸-磷酸消解法：有利于消除 Fe^{3+} 等的干扰。

(5) 硝酸-高锰酸钾消解法：常用于测定汞水样。

(6) 多元消解法：为提高消解效果，需要采用三元以上酸或氧化剂消解体系。

(7) 碱分解法：当酸体系消解水样造成易挥发组分损失时，可改用碱分解法。

2. 干法灰化

干法灰化又称燃烧法或高温分解法。根据待测组分的性质，选用铂、石英、银、镍或瓷坩埚，将样品放入坩埚，置于高温电炉中加热，控制温度 450～550℃，使其灰化完全，将残渣溶解供分析用。灰化过程中一般不加试剂，但为了促进有机物的分解或抑制挥发损失，可以加硝酸、硫酸、磷酸、磷酸二氢钠等挥发助剂。

对于易挥发元素如汞、砷、碲等，为避免高温挥发损失，可用氧化瓶燃烧法进行灰化。此法是将样品包在无灰滤纸中，滤纸包钩在铂丝上，磨口的瓶中预先充入氧气和吸收液，将滤纸引燃后，迅速盖紧瓶塞，让其燃烧灰化，摇动瓶子让燃烧产物溶解于吸收液中，加酸使灰分溶解成溶液后供后续分析。

二、试样的分离与富集

环境污染物的含量常低于测定下限，基体又复杂，因而环境监测中样品需分离与富集后才能测定。试样的分离与富集有蒸馏、萃取、离子交换、吸附、冷冻、色层分离、沉淀分离、吹气富集等方法。以下介绍常用的几种方法。

1. 挥发和蒸发浓缩

(1) 挥发分离法。该法是利用某些污染物溶解度大，或将欲测组分转化成易挥发物质，然后用惰性气体带出而达到分离的目的。

(2) 蒸发浓缩法。该法是指在电热板上或水浴中加热水样，使水分缓慢蒸发，达到缩小水样体积，浓缩欲测组分的目的。

2. 蒸馏法

液体混合物中不同组分具有不同的挥发度，即在同温度下各自的蒸气压不同。因此，于水样中加试剂使欲测组分形成挥发性的化合物，并将水样加热至沸腾，使生成的蒸汽冷凝，用接受液吸收，可达到欲测组分与样品中干扰物质分离的目的。蒸馏的优点是沾污危险小，在水样的预处理中被广泛应用，如氟化物、氰化物、氨氮、挥发酚等的测定都采用预蒸馏法。

氟化物预蒸馏时，在沸点较高的浓硫酸溶液中，水样中的氟化物与硅酸钠反应形成挥发性的氟硅酸，在 120～180℃的溶液中直接蒸出，使水中的氟化物与其他成分分离。含挥发酚的水样预蒸馏时，用磷酸调节水样 pH 值为 4.0，加入硫酸铜溶液，以消除硫化物的干扰。

3. 溶剂萃取分离法

溶剂萃取分离法最常用的是液-液萃取分离法，使试液与另一种不相混溶的溶剂密切接触，试液中的某种或某几种溶质进入溶剂中，从而与试液中其他干扰组分分离。如废水中含汞 1ng/L 可用双硫腙四氯化碳溶液萃取，萃取效率>99.1%。

优点：本法简单、快速，应用广泛，既可分离大量的组成，又可分离和富集痕量组成；既可分离有机物，也可分离无机物。分离后的组分测定也很方便，被萃取组分可进行直接测定（如用分光光度法、原子吸收法、气相色谱法等），或蒸去有机溶剂后再测定（如发射光谱法、电化学法）；若有机溶剂干扰测定，则可使用硝酸/高氯酸硝化，或反萃取入水相后再测定。

缺点：溶剂萃取分离法如用手工操作，工作量大；同时，萃取溶剂通常是易挥发、易燃和有毒的，会带来一些污染问题。

(1) 萃取体系的分类。无机物质中只有少数共价分子，如 I_2、Cl_2、Br_2、$HgCl_2$、$GeCl_4$、$AsCl_3$、SnI_4 等可以直接用有机溶剂萃取，大多数无机物质溶解在水溶液中离解成离子，并与水分子结合成水合离子，从水溶液中萃取出水合离子，显然是不行的。因此，为了使萃取过程顺利进行，必须在水溶液中加入某种试剂，使被萃取的组分与试剂结合形成一种不带电荷，难溶于水又易溶于有机溶剂的物质。所加入的试剂称为萃取剂。根据所形成的可萃取物质的不同，将萃取体系分类如下。

① 形成内络盐的体系。在环境分析中，这种体系的应用最为广泛。所用萃取剂一般是有机弱酸，也是螯合剂。如 8-羟基喹啉，可与 Pd^{2+}、Tl^{3+}、Fe^{3+}、Ga^{3+}、In^{3+}、Al^{3+}、Co^{2+}、Zn^{2+} 等离子螯合。所生成的螯合物难溶于水，可用 $CHCl_3$ 萃取。

② 形成离子缔合物的萃取体系。利用带不同电荷的离子互相缔合成疏水性的中性分子，从而被有机溶剂所萃取。例如，用乙醚从 HCl 溶液中萃取 Fe^{3+} 时，Fe^{3+} 与 Cl^- 络合成阴离子 $FeCl_4^-$，而溶剂乙醚可与溶液中的 H^+ 结合成锌离子。锌离子与 $FeCl_4^-$ 缔合成中性分子锌盐。锌盐具有疏水性，可被乙醚萃取。这种萃取体系中，溶剂分子参与到被萃取的分子中，所以它既是溶剂，又是萃取剂。Sb(Ⅴ)、As(Ⅲ) 可用同样方式萃取之。

③ 形成三元配合物的萃取体系。被萃取物与两种不同的萃取剂通过络合、缔合形成三元配合物。例如 Ag^+ 的萃取，可以使 Ag^+ 与 1，10-邻二氮杂菲络合生成络阳离子，并与染料溴邻苯三酚红的阴离子缔合成三元配合物，溶于有机溶剂而被萃取。三元配合物萃取体系的萃取效率高，选择性好，这是由于三元配合物比二元配合物亲水性更弱，疏水性更显著，即更易溶于有机溶剂。另外，三元配合物的形成比二元配合物困难，只有当金属离子和两种配位体络合能力强弱相当时，才能形成三元配合物，从而使三元配合物的形成具有一定的选择性。

④ 有机物的萃取分离。大多数有机物质在水溶液中不易电离，它的分子不带电荷，易被有机溶剂所萃取。有些有机污染物，如酚类、油类、芳烃、卤代烃、农药等可用有机溶剂从水中捕集浓缩。

在有机物的萃取分离中，“相似相溶”原则十分重要。极性有机化合物的盐类通常溶于水而不溶于非极性有机溶剂；非极性有机化合物不溶于水，而溶于非极性有机溶剂，如苯、四氯化碳、环已烷等。根据“相似相溶”原则，选用适当的溶剂和萃取条件，常可从混合物中萃取某些组分，以达到分离的目的。例如，极性较弱的有机氯农药用石油醚萃取，极性较强的有机磷农药则选用氯仿萃取。

可以通过控制萃取条件，使混合物中某个组分极性发生变化，选用适当溶剂萃取分离。例如，焦油废水中酚的分离，调节试液的 pH 值为 12，酚形成酚钠离子状态存在于试液中，于是可用四氯化碳萃取油分；然后再调节 pH 值为 5，以四氯化碳萃取酚。

萃取条件的选择：各种不同的萃取体系，萃取条件也不相同，下面以内络盐萃取体系为例，讨论选择萃取条件的原则。

萃取剂的选择：选择的萃取剂与被萃取离子生成稳定的螯合物，使其易溶于有机溶剂。

溶液的酸度：溶液的 H^+ 浓度越小，D 值越大，越有利于萃取。但溶液酸度太低时，金属离子可能水解或引起其他干扰，反而对萃取不利，因此必须正确地控制溶液的酸度。

（2）萃取溶剂的选择

① 螯合物在溶剂中应有较大的溶解度。根据螯合物结构，选择结构相似的溶剂。如含烷基的螯合物可用卤代烃（CCl_4，$CHCl_3$ 等）作萃取剂；含芳香烃基的螯合物可用芳香烃（苯、甲苯等）作萃取溶剂。

② 溶剂的密度与水溶液的差别要大，黏度要小，便于分层。

③ 最好采用无毒、无特殊气味、挥发性小的溶剂。

④ 尽量采用惰性溶剂，若采用含氧的活性溶剂，可能产生副反应而发生干扰。

⑤ 要为下一步分析方法考虑，用气相色谱氢火焰离子化检测器测定时，常用 CS_2、CCl_4、$CHCl_3$、CH_2Cl_2 等作为溶剂。用电子捕获检测器时，使用己烷、戊烷、庚烷、苯、甲苯等烃类作为溶剂。用原子吸收分光光度法测定时，用甲基异丁酮、乙酸乙酯为溶剂。

（3）干扰离子的消除

① 控制酸度。适当的酸度可选择性地萃取某种离子，或连续萃取几种离子，使其与干扰离子分离。例如，用双硫腙-CCl_4 萃取分离溶液中的 Hg^{2+}、Bi^{3+}、Pb^{2+}、Cd^{2+} 等离子。当控制 pH＝1 时，萃取 Hg^{2+}，而其他离子留在水相；pH＝4～5，萃取 Bi^{3+}；pH＝9～10，萃取 Pb^{2+}，而 Cd^{2+} 留在水相中，达到彼此分离的目的。

② 使用掩蔽剂。当控制酸度不能消除干扰时，可利用掩蔽方法。例如，从上述溶液中萃取 Hg^{2+}，若有 Zn^{2+} 共存，可用 KCN 掩蔽 Zn^{2+}。

4. 离子交换分离法

离子交换分离法是利用离子交换剂与溶液中的离子之间发生交换反应进行分离的方法。此法分离的效果好，不仅用于带相反电荷离子间的分离，也可用于带相同电荷或性质相近的离子间的分离，还广泛应用于微量组分的富集和高纯度物质的制备。但是，操作较麻烦，周期长。

（1）离子交换剂的种类。离子交换剂主要分为无机交换剂和有机交换剂两类。后者又称离子交换树脂，应用较广，是一类具有网状结构的高分子聚合物，在网状结构的骨架（以 R 表示）上有许多活性基团。根据树脂中活性基团的不同，离子交换树脂可分为以下四类。

- 离子交换树脂
  - 阳离子交换树脂
    - 强酸性阳离子交换树脂
    - 弱酸性阳离子交换树脂
  - 阴离子交换树脂
    - 强碱性阴离子交换树脂
    - 弱碱性阴离子交换树脂

阳离子交换树脂活性基团为酸性基团，其中阳离子可被溶液中的阳离子所交换。若活性基团是强酸性的—SO_3H 基，则为强酸性阳离子交换树脂；如果活性基团是弱酸性的—COOH 基或—OH 基，则为弱酸性阳离子交换树脂。

（2）离子交换树脂的结构和交换反应。常用的磺酸基阳离子交换树脂，是由苯乙烯与二乙烯苯的共聚物经磺化后制得的。

离子交换树脂的结构由以下三部分组成。

① 由碳链和苯环组成的不溶性的空间网状骨架，十分稳定，对碱、酸、某些有机溶剂和弱氧化剂都不起作用。

② 连接在骨架上的活性基团，如 SO_3-H^+、$CH_2N^+(CH_3)_3Cl^-$。

③ 含有可交换的离子，如 H^+、Cl^-。

结构中的长碳链由若干个苯乙烯聚合而成，在长碳链之间，用二乙烯苯交联起来，形成网状结构；二乙烯苯是交联剂。树脂中所含二乙烯的质量百分数为交联度，分析用的树脂交联度为8%～12%，交联度越大，树脂在水中的溶解度越小。但交联度不宜过大；否则，网眼很小，会降低交换反应的速度和有效的交换容量。

当树脂浸泡于水中溶胀时，可交换离子能自由活动，与溶液中带同样电荷的离子相互交换，在NaCl溶液中，离子交换反应发生后，Na^+留在阳离子树脂上，Cl^-留在阴离子树脂上，与Na^+等物质的量的H^+被交换下来，与Cl^-等物质的量的OH^-被交换下来。交换过程是可逆过程，用酸溶液处理已交换的阳离子树脂，或用碱溶液处理已交换的阴离子树脂，则树脂又恢复原状，这一过程称洗脱或再生过程。再生后的树脂，经洗涤可再次使用。

骨架上活性基团的数目决定了树脂的交换容量。活性基团愈多，交换容量愈大。树脂的交换容量通常以每千克干燥树脂能交换多少毫摩尔的离子来表示。

5. 共沉淀法

共沉淀法系指溶液中的一种难溶化合物在形成沉淀（载体）的过程中，将共存的某些痕量组分一起携带沉淀出来的现象。共沉淀现象在常量分离和分析中是力图避免的，但却是一种分离痕量组分的手段。

共沉淀的机理基于表面吸附、包藏、形成混晶和异电荷胶态物质相互作用等。

(1) 利用吸附作用的共沉淀分离。该方法常用的载体有$Fe(OH)_3$、$Al(OH)_3$、$MnO(OH)_2$及硫化物等。由于它们是表面积大、吸附力强的非晶形胶体沉淀，故富集效率高。例如，分离含铜溶液中的微量铝，仅加氨水不能使铝以$Al(OH)_3$沉淀析出。若加入适量Fe^{3+}和氨水，则利用生成$Fe(OH)_3$载带沉淀出来，达到与母液中$Cu(NH_3)_4^{2+}$分离的目的。

(2) 利用生成混晶的共沉淀分离。当被分离微量组分及沉淀剂组分生成沉淀时，如具有相似的晶格，就可能生成混晶共同析出。例如，硫酸铅和硫酸锶的晶形相同，如分离水样中痕量Pb^{2+}，可加入适量Sr^{2+}和过量可溶性硫酸盐，则生成$PbSO_4$-$SrSO_4$的混晶，将Pb^{2+}沉淀出来。有资料介绍，以$SrSO_4$为载体，可以富集海水中10^{-8}的Cd^{2+}。

(3) 利用有机共沉淀剂沉淀分离。有机共沉淀剂的选择性比无机沉淀剂好，得到的沉淀也较纯净，并且通过灼烧可除去有机共沉淀剂，留下欲测元素。例如，在含痕量Zn^{2+}的弱酸性溶液中，加入硫氰酸铵和甲基紫，由于甲基紫在溶液中电离成带正电荷的阳离子B^+，它们之间发生如下共沉淀反应：

$$Zn^{2+}+4SCN^- = Zn(SCN)_4^{2-}$$

$$2B^+ + Zn(SCN)_4^{2-} = B_2Zn(SCN)_4\text{(形成缔合物)}$$

$$B^+ + SCN^- = BSCN\downarrow\text{(形成载体)}$$

$B_2Zn(SCN)_4$与BSCN发生共沉淀，因而将Zn^{2+}富集于沉淀之中。又如，痕量Ni^{2+}与丁二酮肟二烷酯（难溶于水）的乙醇溶液，则析出固相的丁二酮肟二烷酯，便将丁二酮肟镍螯合物共沉淀出来。丁二酮肟二烷酯只起载体作用，称为惰性共沉淀剂。

6. 吸附法

利用多孔性的固体吸附剂将水样中的一种或数种组分吸附于表面上，以达到分离目的。在环境分析中，常用分子筛、活性炭、大网状树脂等具有大的表面积和吸附能力的物质，吸附富集痕量环境污染物，然后用有机溶剂解吸或加热解吸后测定。吸附的优点是吸附率高、富集倍数大。缺点是较费时间。某些污染物易氧化分解，低沸点污染物在操作中可能损失。

(1) 分子筛吸附。用颗粒直径为1～2mm的5A分子筛，在－78℃（即置干冰与丙酮中的温度）能牢固吸附空气中的痕量一氧化碳，使一氧化碳与其他组分分离。空气试样流速0.3～0.5L/min，解吸从－10℃开始，至150℃时完成。用泵抽出解吸的一氧化碳与4-银氨磺基苯甲酸作用，后者被还原而得银胶溶液，再用分光光度法测定。检出下限可达0.1mg/L一氧化碳。

（2）活性炭吸附。活性炭表面积大，吸附能力强，在pH＝4.8～8范围内，它能从水溶液定量吸附铜，50mg活性炭能吸附几微克铜。

（3）大网状树脂吸附。用大网状树脂吸附-气相色谱法测定水中有机物，经过美国Junk等的研究作为一种分析法已日趋完善，并在实际工作中得到广泛应用。例如，美国为了鉴定13个城市饮用水的有机物，曾用各种有效方法富集后，用气相色谱-质谱鉴定，共测出94种化合物，而用XAD-2树脂吸附就能富集36种有机物。加拿大、日本、瑞士等国也对大网状树脂展开许多研究工作。

国内某些大学采用国产DA201树脂，对海水中μg/L级有机氯农药进行富集，用无水乙醇解吸，石油醚萃取两次，经无水硫酸钠脱水后，用气相色谱电子捕获检测器测定，有机农药各种异构体均得到满意分离。各种异构体均在80％以上，且重复性较好。此吸附法一次能富集几升甚至几十升海水，吸附、解吸快。它与溶剂萃取法相比，不但大大降低纯溶剂的消耗量，而且避免了运输和保存水样的麻烦。因此，海洋监测中可应用此法。

三、试样的提取

分析生物、土壤样品中的农药等有机污染物时，必须用溶剂将待测组分从样品中提取出来，提取液供分析用。通常提取有以下几种方法。

1. 振荡浸取

将一定量经制备的生物或其他样品置于容器中，加入适当的溶剂，放置在振荡器上振荡一定时间，过滤，用溶剂淋洗样品，或再提取一次，合并提取液。此法用于粮食、土壤中三氯乙醛、油类等的提取。

2. 组织捣碎

取一定量已经制备的生物或土壤样品，放入高速组织捣碎杯，加入适当溶剂，高速捣碎2～5min后过滤，用溶剂冲洗捣碎成分，冲洗液经过滤，合并滤液。此法用于蔬菜、水果中农药的提取。

3. 脂肪提取器提取

索格斯列特（Soxhlet）式脂肪提取器简称索氏提取器，用于提取土壤和生物样品中苯并［*a*］芘、油类、有机氯农药等。将经过制备的固体样品放入滤纸筒中或用滤纸包紧，置于回流提取器内。蒸发瓶中盛装适当有机溶剂，仪器组装后，在水浴上加热。此时，溶剂蒸气经支管进入冷凝器内，凝结的溶剂滴入回流器，对样品进行浸泡、提取。当溶剂液面达到虹吸管顶部时，含提取液的溶剂回流入蒸发瓶中，如此反复进行直到提取结束。因样品都与纯溶剂接触，所以提取效果好，但较费时。

四、近年新发展的样品前处理萃取技术

1. 固相萃取

固相萃取（solid phase extraction，SPE）是一种基于液固分离萃取原理的样品预处理技术，自1978年一次性商品化固相萃取柱Sep-Pak Cartridge问世以来，已有几十年的历史，目前被广泛应用于临床、医药、食品、环境等领域。与液液萃取（LLE）等传统分离富

集方法相比，SPE具有高回收率和富集倍数、有毒有机溶剂用量少、操作简便、易于实现自动化等优点。

固相萃取的主要分离模式可分为正相、反相、离子交换和吸附。其作用机理包括氢键、偶极作用、疏水性相互作用和静电吸引力等。典型的离线固相萃取一般分为活化吸附剂、上样、洗涤和洗脱四个步骤。在萃取样品之前要用适当的溶剂淋洗固相萃取柱，以消除吸附剂上吸附的杂质及其对目标化合物的干扰，激活固定相表面的活性基团的活性。活化通常采用两个步骤，先用洗脱能力较强的溶剂洗脱去柱中残存的干扰物，激活固定相；再用洗脱能力较弱的溶剂淋洗柱子，以使其与上样溶剂匹配。上样：将液态或溶解后的固态样品倒入活化后的固相萃取柱中。洗涤和洗脱：在样品进入吸附剂、目标化合物被吸附后，可先用较弱的溶剂将弱保留干扰化合物洗掉，然后再用较强的溶剂将目标化合物洗脱下来，加以收集。

在离线固相萃取的基础上又发展了在线固相萃取。在线方法的优点是自动化分析，分析物损失少，外来污染少，方法精密度高，适于大批量样品的分析；但缺点是顺序操作，程序不灵活，导致不同步骤的优化较复杂，甚至不能优化。

2. 超临界流体萃取

超临界流体萃取技术（supercritical fluid extraction，SFE）是利用超临界条件下的流体作为萃取剂，从气体、液体或固体中萃取出环境样品中的待测成分，以达到某种分离目的一项新型分离技术。超临界流体指的是物体处于其临界温度（T_c）和临界压力（p_c）以上状态时，向该状态气体加压，气体不会液化，只是密度增大，具有类似液体的性质；同时，还保留气体的性能。超临界流体既具有液体对溶质有较大溶解度的特点，又具有气体易于扩散和运动的特点。超临界流体的许多性质如黏度、密度、扩散系数、溶剂化能力等随温度和压力变化很大，因此对选择性分离非常敏感。

超临界流体萃取分离是利用超临界流体的溶解能力与其密度的关系，即利用压力和温度对超临界流体溶解能力的影响而进行的。在超临界状态下，将超临界流体与待分离的物质接触，使其有选择性地依次将极性大小、沸点高低和分子量大小不同的成分萃取出来。超临界萃取实验流程如图 2-1 所示。

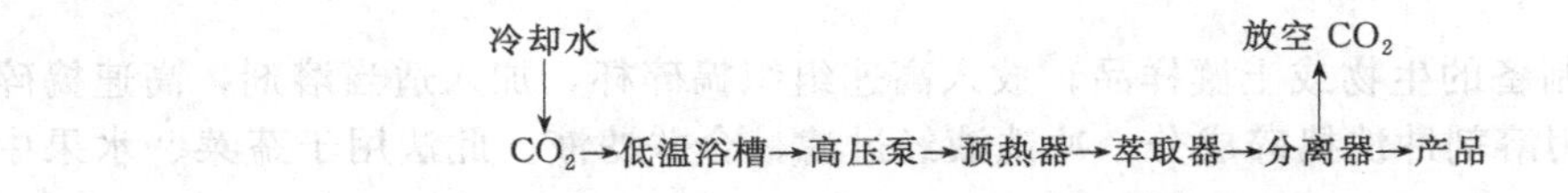

图 2-1 超临界萃取实验流程

SFE具有萃取效率高、萃取时间短（数分钟至数小时）、后处理简单且无二次污染的特点，还可与GC、GC/MS、TLC、HPLC及SFC等分析仪器联用，可进一步提高环境样品的分析速度与精度，还可实现对环境样品的现场检测，是一种新型环境样品预处理技术，近些年来发展较为迅速。常用的超临界流体有CO_2、NH_3、N_2O、乙烯、丙烷、水等。CO_2极性很低，适用于萃取低极性及非极性有机物。对极性较大的化合物，通常用NH_3或N_2O，或在体系中添加改性剂，如甲醇、甲苯、水等，以增加对极性样品的溶解能力。

目前，已有商品化的超临界流体萃取仪出售。可见，SFE技术已广泛应用于环境样品（沉积物、大气、土壤）中有机污染物的萃取分离。但超临界流体萃取仪体积大，操作复杂，给实际应用带来极大不便。

3. 微波辅助溶剂萃取

微波辅助溶剂萃取（microwave-assisted solvent extraction，MASE）法是Ganzler等于1986年首先提出的。由于其特殊的加热机制可以在很大程度上缩短提取时间；同时，还可以减少溶剂消耗，并且适用于从土壤中提取不同极性的农药。目前，该法在环境分析中的应用报道逐渐增多。刘凌等采用微波辅助溶剂萃取法以 2mol/L NH_4Cl 溶液、乙醇为萃取液，在 240W 微波功率，提取时间 1min 的优化操作条件下，从土壤中提取残留的多菌灵、噻菌灵；同时，采用水相、有机相两相进行萃取，可以使萃取、净化一步完成，并以反相高效液相色谱-荧光检测器进行检测，方法的回收率为 89%～99%，相对标准偏差为 3%～10%，方法的最低检出质量浓度多菌灵为 3.63×10^{-4}mg/L，噻菌灵为 5.20×10^{-5}mg/L，最小检出量多菌灵为 1.21×10^{-11}g，噻菌灵为 1.74×10^{-12}g。

4. 固相微萃取

固相微萃取（solid phase micro-extraction，SPME）是在固相萃取技术的基础上发展起来的一项新的样品前处理技术。最早由加拿大 Waterloo 大学的 Pawliszyn 等于 1989 年首次提出。2007 年美国环境保护署（EPA）已经将 SPME 技术纳入标准。

固相微萃取的核心在于萃取纤维。最早用于萃取污染物的纤维是在石英纤维表面均匀涂覆气相色谱固定相的高分子材料。使用较多的涂层高分子材料是非极性的聚二甲基硅氧烷和极性的聚丙烯酸酯及聚乙二醇等。但由于这些高分子材料存在不耐高温（200℃左右）、使用 100 次左右表面发生变性吸附量变小、在有机相中容易溶胀脱离石英纤维等问题，后来又发展出碳纤维和活性炭纤维。

固相微萃取器装置如图 2-2 所示。采样时将采样器直接插入样品中或置于样品上方的顶空气中，探出采样纤维，当被测成分在纤维表面达到吸附平衡后，收回采样纤维，拔出采样器，即完成采样。然后将采样后的萃取器直接插入气相色谱的进样口，探出纤维，解吸 1～2min，载气便将污染物带至色谱柱进行分离。收回纤维，拔出采样器，即完成进样与分析。其具有方便、快速、检出限低、无需溶剂或少用溶剂，并且集富集-浓缩-解吸于一体等特点，是一种绿色样品前处理技术。此技术可以与 GC 或 GC/MS 联用，可对环境样品中可挥发或半挥发、稳定的有机污染物进行定性和定量分析。因其灵敏度高、检出限低等优点而被广泛应用于食品、医药、分析等领域。SPME 是一项极具吸引力的样品前处理技术，但也存在一定的局限性。由于商品化纤维种类较少，且容易破碎，在很大程度上限制了该技术的应用范围。因此，发展耐用的纤维及高效、高选择性的纤维涂层材料是 SPME 方法研究的重要方向。

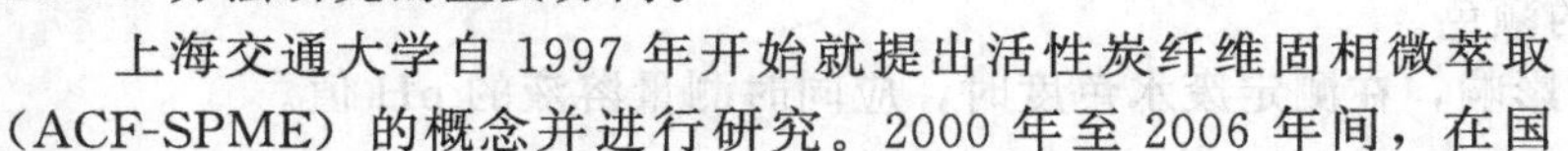

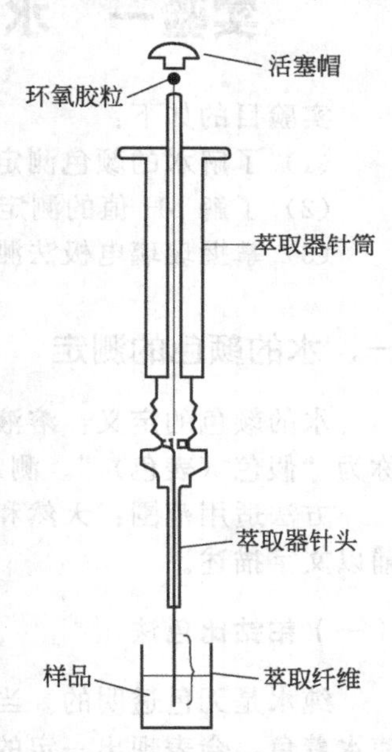

图 2-2 固相微萃取器装置

上海交通大学自 1997 年开始就提出活性炭纤维固相微萃取（ACF-SPME）的概念并进行研究。2000 年至 2006 年间，在国家科技攻关项目（96-A23-01-07）、上海市自然基金和国家 863 计划（2002AA649030）的大力支持下，成功开发研制出具有自主知识产权的活性炭纤维型固相微萃取器。由于活性炭具有吸附速度快、富集倍数高等优点，该课题组将其作为原料，经物理或化学活化后，制得新型活性炭纤维（activated carbon fiber，ACF）。研究结果表明，ACF 不仅萃取样品广谱，而且具有耐有机溶剂、耐高温（高于 380℃）、使用寿命长（大于 350 次）等优点，还具有极性选择的特点，而且还提出了适合于顶空萃取循环冷凝 ACF-SPME 方法，进一步提高了方法的灵敏度。SPME 作为样品前处理技术集采样、萃取、浓缩、进样为一体，最突出的特点在于它是真正的无溶剂样品前处理技术，操作简单方便。

通过 SPME 和 GC/MS 联用，该技术应用于海水、土壤等中有机物的测定；采用顶空萃取法，检测了地沟油中的可挥发性物质，同时与食用油进行比较，从而确定出地沟油中含有的特异性物质，建立食用油和地沟油的谱库，方便地沟油的检测。

第三章

水与废水监测实验

实验一　水的颜色和 pH 值测定（玻璃电极法）

实验目的如下：

(1) 了解水的颜色测定原理和操作方法。

(2) 了解 pH 值的测定方法和各种测定方法的优缺点。

(3) 掌握玻璃电极法测定 pH 值的原理。

一、水的颜色的测定

水的颜色的定义：溶液状态的物质所产生的颜色称为“真色”；由悬浮物质产生的颜色称为“假色（表色）”。测定前必须将水样中的悬浮物除去。

方法适用范围：天然和轻度污染水可用铂钴比色法测定；工业有色废水常用稀释倍数法辅以文字描述。

（一）铂钴比色法

纯水是无色透明的。当水中存在溶解性的有机物、部分无机离子和有色悬浮微粒时均可使水着色，会表现出一定的颜色。

pH 值对色度有较大的影响，在测定废水色度时，应同时测量溶液的 pH 值。

1. 原理

用氯铂酸钾与氯化钴配成标准色列，与水样进行目视比色。当铂和钴的浓度分别为 1mg/L 和 0.5mg/L 时所具有的颜色称为 1 度，作为标准色度单位。

如水样浑浊，则放置澄清或用离心法去除。最好用 0.45μm 滤膜过滤以去除悬浮物。切记不能用滤纸过滤，因滤纸有吸附性，会吸附部分溶解于水的颜色。

2. 仪器和试剂

(1) 50mL 具塞比色管，其管壁厚度、玻璃材质及刻线高度应一致（是同一批次购买的最佳）。

(2) 铂钴标准溶液：分别称取 1.2469g 氯铂酸钾（K_2PtCl_6）及 1.000g 六水合氯化钴（$CoCl_2 \cdot 6H_2O$，相当于 500mgPt 和 250mgCo），溶于 100mL 水中，加 100mL 浓盐酸，用水定容至 1L。此溶液色度为 500 度，置于密塞玻璃瓶并存放暗处。

3. 测定步骤

(1) 标准色列的配制：取 13 支 50mL 比色管，分别加入 0mL、0.50mL、1.00mL、1.50mL、2.00mL、2.50mL、3.00mL、3.50mL、4.00mL、4.50mL、5.00mL、6.00mL 及 7.00mL 500 度铂钴标准溶液，用水稀释至标线，混匀。以上对应的色度依次为 0 度、5 度、10 度、15 度、20 度、25 度、30 度、35 度、40 度、45 度、50 度、60 度和 70 度。密塞保存于暗处，备用。

(2) 水样的测定

① 分取 50.0mL 预处理后的水样于比色管中，如水样色度较大，可酌情少取水样，用水稀释至 50.0mL。

② 将水样与标准色列放在一排，目视比较。将比色管置于白瓷板或白纸上，使光线从管底部向上透过液柱，从管口垂直向下观察。观察与水样色度相同的标准色列的色度，即为水样的色度。

③ 分析实际水样：在学校湖水或河水中采集水样。学习水的颜色的测定和 pH 值测定，用 0.45μm 的滤膜过滤后测定。

4. 计算

$$色度(度)=\frac{A\times 50}{B}$$

式中 A——稀释后水样在标准色列中读得的色度；

B——水样的体积，mL。

5. 注意事项

(1) 可用 $K_2Cr_2O_7$ 代替 K_2PtCl_6 配制标准色列。

方法是：称取 0.0437g $K_2Cr_2O_7$ 和 1.000g $CoSO_4 \cdot 7H_2O$，溶于少量水中，加入 0.50mL H_2SO_4，稀释至 500mL。此溶液的色度为 500 度。置于阴暗低温处并不宜久存。

(2) 如果样品中有分散很细的悬浮物，虽经预处理仍然得不到透明水样时，则只测其表色。

(二) 稀释倍数法

1. 原理

将有色工业废水或其他有色废水用无色水稀释到接近无色时，记录稀释倍数，以此表示该水样的色度。辅以文字描述颜色性质，如棕红色、深蓝色、洋红色等，适合野外或现场测定。

2. 仪器

50mL 具塞比色管，同一批次购买的最佳，其标线高度要一致。

3. 测定步骤

① 取 100～150mL 预处理后的澄清水样于烧杯中，以白色瓷板为背景，观察并描述其颜色种类。

② 取澄清的水样，用蒸馏水稀释成不同倍数。将不同稀释倍数的水样分别取 50mL，分别置于 50mL 比色管中，管底部衬一白瓷板或白纸；由上向下观察各水样的颜色，并与蒸馏水比较，直至刚好看不出颜色，记录此时的稀释倍数。

4. 注意事项

测定水样的真色时，应放置澄清取上清液或用离心法去除悬浮物后测定，也可以用 0.45μm 滤膜过滤后测定；如测定水样的表色，则待水样中的大颗粒悬浮物沉降后取上清液测定。结果要注明是真色或表色。

二、水的pH值测定（玻璃电极法）

（一）原理

以饱和甘汞电极为参比电极，玻璃电极为指示电极组成电池。在25℃下，氢离子活度变化10倍，使电动势偏移59.16mV。通过温度补偿装置校正温度差异。用于常规水样监测时可准确至0.1pH单位，较精密的仪器可准确到0.01pH单位。为提高测定的准确度，校准仪器时选用的标准缓冲溶液的pH值应与水样的pH值相接近。

（二）仪器

甘汞电极或银-氯化银电极、各种型号的pH计或离子活度计、玻璃电极、磁子、磁力搅拌器、50mL烧杯（最好是聚乙烯或聚四氟乙烯烧杯）。

（三）试剂

用于校准仪器的标准缓冲溶液，按表3-1称取试剂，溶于25℃水中，用容量瓶定容至1L。

对蒸馏水的要求：电导率应低于2μS/cm，使用前煮沸数分钟除二氧化碳，冷却。取50mL冷却水，加1滴饱和氯化钾溶液，如pH值在6～7之间即可用于配制各种标准缓冲溶液。

表3-1 pH标准缓冲溶液的配制

标准物质	pH(25℃)	每升水溶液中所含试剂的质量(25℃)
基本标准		
酒石酸氢钾(25℃饱和)	3.557	6.4g $KHC_4H_4O_6$①
柠檬酸二氢钾	3.776	11.41g $KH_2C_6H_5O_7$
邻苯二甲酸氢钾	4.008	10.12g $KHC_8H_4O_4$
磷酸氢二钠+磷酸二氢钾	6.865	3.533g $Na_2HPO_4$②+3.388g $KH_2PO_4$②③
磷酸二氢钠+磷酸二氢钾	7.413	4.302g $NaH_2PO_4$②+1.179g $KH_2PO_4$②③
四硼酸钠	9.180	3.80g $Na_2B_4O_7 \cdot 10H_2O$③
碳酸氢钠+碳酸钠	10.012	2.92g $NaHCO_3$+2.640g Na_2CO_3
辅助标准		
二水合四草酸钾	1.679	12.61g $KHC_3H_4O_3 \cdot 2H_2O$④
氢氧化钙(25℃饱和)	12.454	1.5g $Ca(OH)_2$①

① 近似溶解度。

② 在110～130℃烘干2h。

③ 用新煮沸过并冷却的无二氧化碳水。

④ 烘干温度不可超出60℃。

（四）步骤

(1) 按照仪器使用说明书准备。

(2) 将水样与标准溶液调到同一温度，记录测定温度，将仪器温度补偿旋钮调至该温度处。选用与水样pH值相差不超过2个pH单位的标准溶液校准仪器。当水样pH<7.0时，用邻苯二甲酸氢钾定位，以四硼酸钠或混合磷酸盐标准溶液复位。具体操作为：从第一个标准溶液中取出两个电极，彻底冲洗，并用滤纸吸干；再浸入第2个标准溶液中，

其 pH 值约与前一个相差 3 个 pH 单位。如测定值与第二个标准溶液 pH 值之差大于 0.1 个 pH 单位时，就要检查仪器、电极或标准溶液是否有问题。当三者均无异常情况时，方可测定水样。

(3) 水样测定：先用洗瓶以纯水仔细冲洗两个电极，再用水样冲洗 6～8 次，然后将电极浸入水样中，小心搅拌或摇动使其均匀，待读数稳定后记录 pH 值。

(五) 注意事项

(1) 玻璃电极在使用前应在蒸馏水中浸泡 24h 以上。用后及时冲洗干净，浸泡在蒸馏水中。

(2) 测定时，玻璃电极球泡应全部浸入溶液中，球泡稍高于甘汞电极陶瓷芯端，防止搅拌时碰破。

(3) 甘汞电极的饱和 KCl 液面必须高于汞体，并应有适量 KCl 晶体存在，以保证 KCl 溶液的饱和。使用前必须先拔掉上孔胶塞。

(4) 为防止空气中 CO_2 溶入或水样中 CO_2 逸失，测定前不宜提前打开水样瓶塞。

(5) 玻璃电极的内电极与球泡之间以及甘汞电极的内电极与陶瓷芯之间不可有气泡，以防短路。

(6) 玻璃电极球泡受污染时，可用稀 HCl 溶解无机盐结垢，用丙酮除去油污（不能用无水乙醇）。处理后的电极应在水中浸泡 24h 再使用。

(7) 注意电极的出厂日期，时间过长的电极性能变劣。

(六) 思考题

(1) 水的颜色和 pH 值测定有几种方法？分别有哪些优缺点？或分别适合哪些水样的测定？

(2) 为什么在配制 $CoSO_4 \cdot 7H_2O$ 或 K_2PtCl_6 时要加入少量硫酸或盐酸？

实验二 废水悬浮固体和浊度的测定

实验目的如下：

(1) 掌握水体悬浮固体的测定方法。

(2) 了解浊度标准溶液的配制方法。掌握目视比浊法、分光光度法、仪器法测定浊度的原理及操作。

一、悬浮固体

(一) 原理

悬浮固体系指水样通过孔径为 0.45μm 的滤膜，截留在滤膜上并于 103～105℃烘至恒重的固体物质。测定的方法是将水样通过恒重过的滤料过滤，烘干固体残留及滤料，称重；恒重后，总重量减去滤料重量，即为悬浮固体（总不可滤残渣）。

(二) 仪器

分析天平、干燥器、烘箱、玻璃棒、玻璃漏斗、孔径为 0.45μm 的滤膜及相应的滤器或中速定量滤纸、内径为 30～50mm 称量瓶。

（三）采样及样品储存

所用聚乙烯瓶或硬质玻璃瓶要用洗涤剂洗净，再依次用自来水和蒸馏水冲洗干净。在采样之前，再用即将采集的水样清洗 3～5 次。然后，采集具有代表性的水样 500～1000mL，盖严瓶塞带回试验室。注意事项如下：

(1) 漂浮或浸没的不均匀固体物质不属于悬浮物质，应从水样中除去。

(2) 采集的水样应尽快分析测定。如需储存，应放 4℃冷藏箱，但时间＜7d。

(3) 不能加入任何保护剂，以防破坏物质在固、液间的分配平衡。

（四）测定步骤

(1) 空白：滤膜放在称量瓶中，打开瓶盖，103～105℃烘干 2h，取出放干燥器冷却后盖好瓶盖称重，直至恒重（两次称重相差＜0.0005g）。

(2) 过滤：去除漂浮物后振荡水样，量取均匀适量水样（使悬浮物大于 2.5mg），通过上面称至恒重的滤膜过滤；用蒸馏水洗残渣 3～5 次。如样品中含油脂，用 10mL 石油醚分两次淋洗残渣。

(3) 空白＋样品：小心取下滤膜，放入原称量瓶内。在 103～105℃烘箱中，打开瓶盖烘 2h，干燥器中冷却后盖好盖称重，直至恒重为止。

（五）计算

$$\text{悬浮固体(mg/L)}=\frac{(A-B)\times 1000\times 1000}{V}$$

式中 A——悬浮固体＋滤膜及称量瓶重，g；

B——滤膜及称量瓶重，g；

V——水样体积，mL。

（六）注意事项

(1) 漂浮物，如木棒、树叶、水草等杂质应先从水中除去。

(2) 也可采用石棉坩埚进行过滤。

(3) 废水黏度高时，可加 2～4 倍蒸馏水稀释，振荡均匀，待沉淀物下降后再过滤。

二、浊度

浊度体现水中悬浮物对光线透过时所发生的阻碍程度。水的浊度不仅影响水体感观，而且对水生物，尤其是底栖动植物影响较大。水中含有泥土、微细有机物、浮游动物和其他微生物等悬浮物和胶体物等都可使水样呈现浑浊。水的浊度大小不仅和水中颗粒物含量有关，也与其粒径大小、形状、颗粒表面对光散射的特性相关。

以下介绍三种常用的测定水浊度的方法：目视比浊法，适用于饮用水和水源水等低浊度的水，最低检测浊度为 1 度；分光光度法，适用于饮用水、天然水及高浊度水，最低检测浊度为 3 度；仪器法。

（一）目视比浊法测定浊度

1. 原理

将水样和硅藻土（或白陶土）配制的浊度标准液进行比较。相当于 1mg 一定黏度的硅藻土（白陶土）在1L水中所产生的浊度，称为1度。

2. 仪器

100mL具塞比色管、750mL具塞无色玻璃瓶，玻璃质量和直径均需一致；1L容量瓶，1L量筒。

3. 试剂

(1) 浊度标准液。将硅藻土通过0.1mm筛孔（150目）过筛后，称取10g于研钵中，用少许蒸馏水调成糊状继续研细，移至1L量筒中，加水至刻度。充分搅拌，静置24h，用虹吸法仔细将上层800mL悬浮液移至第二个1L量筒中。向第二个量筒内加水至1L，充分搅拌后再静置24h。

(2) 虹吸出上层含较细颗粒的800mL悬浮液，弃去。下部沉淀物加水稀释至1000mL。充分搅拌后储存于具塞玻璃瓶中，作为浑浊度原液。其中，含硅藻土颗粒直径大约为400μm。

(3) 取上述悬浊液50mL置于已恒重的蒸发皿中，在水浴上蒸干。于105℃烘箱内烘2h，置于干燥器中冷却30min，称重。重复以上操作，即烘干1h，冷却，称重，直至恒重。求出每毫升悬浊液中含硅藻土的质量（mg)。

(4) 吸取含250mg硅藻土的悬浊液，置于1000mL容量瓶中，加水至刻度，摇匀。此溶液浊度为250度。

(5) 吸取浊度为250度的标准液100mL置于250mL容量瓶中，用水稀释至标线，此溶液是浊度为100度的标准液。于上述原液和各标准液中加入1g氯化汞，以防菌类生长。

4. 测定步骤

(1) 浊度低于10度的水样。吸取浊度为100度的标准液0mL、1.0mL、2.0mL、3.0mL、4.0mL、5.0mL、6.0mL、7.0mL、8.0mL、9.0mL及10.0mL于100mL比色管中，加水稀释至标线，混匀。即得浊度依次为0度、1.0度、2.0度、3.0度、4.0度、5.0度、6.0度、7.0度、8.0度、9.0度、10.0度的标准液。

取100mL摇匀水样置于100mL比色管中，与浊度标准液进行比较。可在黑色底板上由上往下垂直观察。

(2) 浊度为10度以上的水样。吸取浊度为250度的标准液0mL、10mL、20mL、30mL、40mL、50mL、60mL、70mL、80mL、90mL及100mL置于250mL的比色管中，加水稀释至标线，混匀。即得浊液为0度、10度、20度、30度、40度、50度、60度、70度、80度、90度和100度的标准液，每瓶加入1g氯化汞，以防菌类生长，密封保存。

取250mL摇匀水样，置于成套的250mL具塞比色管中。比色管后放一有黑线的白纸作为判别标志，从比色管前向后观察，根据目标清晰程度，选出与水样产生的视觉效果相近的标准液，记下其浊度值。

(3) 水样浊度超过100度时，用水稀释后测定。

5. 分析结果的表述

水样浊度可直接读数。

(二) 分光光度法测定浊度

本方法适用于循环冷却水中浊度的测定，适用范围为0～45度。

1. 原理

在适当温度下，硫酸肼与六亚甲基四胺聚合，形成白色高分子聚合物，以此作为浊度标准液，在一定条件下与水样浊度相比较。

2. 试剂

除非另有说明，分析时均使用符合国家标准或专业标准的分析纯试剂，去离子水或同等纯度的水。

（1）无浊度水。将蒸馏水通过 0.2μm 滤膜过滤，收集于用过滤后的水振荡洗涤两次的烧瓶储存，备用。

（2）浊度标准储备溶液

① 1g/100mL 硫酸肼溶液：称取 1.000g 硫酸肼［$(N_2H_4)H_2SO_4$］溶于水，于 100mL 容量瓶中定容，备用。

注意：硫酸肼有毒、致癌！取用时戴手套，小心操作！

② 10g/100mL 六亚甲基四胺溶液：称取 10.00g 六亚甲基四胺［$(CH_2)_6N_4$］溶于水，于 100mL 容量瓶中定容，备用。

③ 浊度标准储备溶液：吸取上述 5.00mL 硫酸肼溶液与 5.00mL 六亚甲基四胺溶液于 100mL 容量瓶中，混匀。于 25℃±3℃下静置反应 24h。冷却后用水稀释至标线，混匀。此溶液浊度为 400 度。可保存一个月。

④ 标准浊度混悬液：吸取 50mL 上述储备溶液于 250mL 容量瓶中，用水稀释至刻度，摇匀，即为 100 度标准浊度混悬液。

3. 仪器

50mL 具塞比色管、分光光度计。

4. 样品

样品应收集到具塞玻璃瓶中，取样后尽快测定。如需保存，可保存在暗处不超过 24h。测试前需激烈振摇并恢复到室温。

所有与样品接触的玻璃器皿必须清洁，可用盐酸或表面活性剂清洗。

5. 实验分析步骤

（1）标准曲线的绘制。吸取 100 度浊度标准液 0mL、0.50mL、1.25mL、2.50mL、5.00mL、10.00mL 及 20mL，置于 50mL 比色管中，加水至标线。摇匀后，即得浊度为 0 度、1 度、2.5 度、5 度、10 度、20 度及 40 度的标准液。于 680nm 波长，以空白作参比，用 1cm 比色皿测定吸光度，绘制校准曲线。

注意：在 680nm 波长下测定，天然水中存在淡黄色、淡绿色干扰。

（2）水样测定。吸取 50.0mL 摇匀水样（无气泡，如浊度超过 100 度可酌情少取，用无浊度水稀释至 50.0mL），于 50mL 比色管中，按绘制校准曲线的步骤测定吸光度，由校准曲线上查得水样浊度。

6. 结果的表述

$$浊度(度)=\frac{A\times(B+C)}{C}$$

式中 A——稀释后水样的浊度，度；

B——稀释水体积，mL；

C——原水样体积，mL。

（三）仪器法测定浊度

1. 测定范围

本法最低检测浊度为 0.5 散射浊度单位（NTU），根据实验室购买仪器不同而异。

2. 原理

在同样条件下用福尔马肼标准混悬液散射的光的强度和在一定条件下水样散射光强度进行比较。散射光的强度越大，表示浊度越高。

3. 试剂

(1) 精制水（浊度用）。用 0.2μm 膜滤器过滤，使其浊度达到 0.02NTU 以下。

(2) 福尔马肼浊度标准原液。称取硫酸肼 1.000g 于 100mL 容量瓶内，加入精制水定容。以此溶液为 A 溶液。另外，称取六亚甲基四胺 10.00g 于 100mL 容量瓶内，加入精制水定容到 100mL。此溶液为 B 溶液。

分别吸取 A 溶液 5mL、B 溶液 5mL 于 100mL 容量瓶内，混匀，在 25℃±3℃放置 24h 后，加入精制水到刻度。

本溶液可使用约 1 个月。

(3) 福尔马肼浊度标准使用液。将福尔马肼浊度标准原液用精制水稀释 10 倍。此溶液为 40NTU，使用时再根据情况适当稀释。

4. 仪器、设备

(1) 散射式浊度仪。虽然都经过校准，但不同设计的浊度仪也会得到不同的读数。因此，必须要求具有以下设计条件以减少这种差别。

(2) 光源。所用的钨灯的电源电压不得低于额定电压的 85%，也不得超过额定电压。入射光和散射光在水样管内通过的距离总共不超过 10cm。光电检测器接受光的角度：对入射光程集中在 90°且上、下不超过±30°。

最大浊度不得超过 40NTU。

5. 分析步骤

按仪器使用说明书进行操作，浊度超过 40NTU 时，可用无浊度精制水稀释后测定。

6. 计算

根据仪器测定时所显示的浊度值乘以稀释倍数计算结果。

7. 思考题

在悬浮固体测定中，0.45μm 的滤膜不经过恒重会给结果带来何种影响？除此之外，还有哪些因素会导致实验误差？

实验三　水中溶解氧的测定（碘量法、叠氮化钠修正法）

溶解氧的定义及在水体中的作用：溶解在水中的分子态氧称为溶解氧。天然水的溶解氧含量取决于水体与大气中氧的平衡。溶解氧的饱和含量和空气中氧的分压、大气压力、水温有密切关系。清洁地面水溶解氧一般接近饱和。由于藻类的生长，溶解氧可能过饱和。水体受有机、无机还原性物质污染，溶解氧降低，当大气中的氧来不及补充时，水中溶解氧逐渐降低，甚至趋近于零，此时厌氧菌繁殖，水质恶化。废水中溶解氧的含量取决于废水排出前的工艺过程，一般含量较低，差异很大。

方法应用范围：测定水中溶解氧常采用碘量法、修正碘量法和膜电极法（溶解氧测定仪）。清洁水可直接采用碘量法测定。水样有色或含有氧化性及还原性物质、藻类、悬浮物等干扰测定。氧化性物质可使碘化物游离出碘，产生正干扰；某些还原性物质可将碘还原成碘化物，产生负干扰；有机物（如腐殖酸、单宁酸、木质素等）可能被部分氧化，产生负干扰。所以大部分受污染的地面水和工业废水，必须采用修正的碘量法或膜电极法测定。

采水样注意事项：用碘量法测定水中溶解氧，河水采样应采用串联采水器，如果是用桶或其他容器采了已经带到实验室的水样，在将水样转移至溶解氧瓶时，要注意不使水样曝气或有气泡残存在采样瓶中。可用水样冲洗溶解氧瓶后，沿瓶壁直接倾注水样或用虹吸法将细管插入溶解氧瓶底部，注入水样至溢流出瓶容积 1/3～1/2。

水样采集后，为防止溶解氧的变化，应立即加固定剂于样品中，并存于冷暗处；同时，记录水温和大气压力。

一、碘量法

（一）实验目的

（1）掌握碘量法测定溶解氧的原理和使用修正碘量法的条件。

（2）掌握测定溶解氧时往溶解氧瓶注水和添加试剂的方法。

（二）原理

水样中加入硫酸锰和碱性碘化钾，水中溶解氧将低价锰氧化成高价锰，生成四价锰的氢氧化物棕色沉淀。加浓硫酸后，氢氧化物沉淀溶解并与碘离子反应而释出游离碘。以淀粉作指示剂，用硫代硫酸钠滴定释出碘，可计算溶解氧的含量。

$$MnSO_4 + 2NaOH = Na_2SO_4 + Mn(OH)_2 \downarrow$$

$$2Mn(OH)_2 + O_2 = 2MnO(OH)_2 \downarrow$$

$$MnO(OH)_2 + 2H_2SO_4 = Mn(SO_4)_2 + 3H_2O$$

$$Mn(SO_4)_2 + 2KI = MnSO_4 + K_2SO_4 + I_2$$

$$2Na_2S_2O_3 + I_2 = Na_2S_4O_6 + 2NaI$$

（三）仪器

250～300mL 溶解氧瓶，如图 3-1 所示。

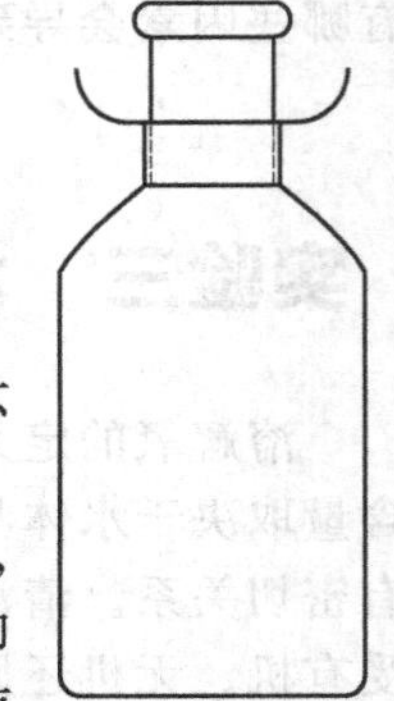

图 3-1 溶解氧瓶

（四）试剂

（1）硫酸锰溶液。称取 480g 硫酸锰（$MnSO_4 \cdot 4H_2O$ 或 364g $MnSO_4 \cdot H_2O$）溶于水，用水稀释至 1L。此溶液加至酸化过的 KI 溶液中，遇淀粉不得产生蓝色。

（2）碱性碘化钾溶液。称取 500g 氢氧化钠溶解于 300～400mL 水中，另称取 150g 碘化钾（或 135gNaI）溶于 200mL 水中，待氢氧化钠溶液冷却后，将两溶液合并，混匀，用水稀释至 1000mL。如有沉淀则放置过夜，倾出上清液，储存于棕色瓶中。用橡皮塞塞紧，避光保存。此溶液酸化后，遇淀粉应不呈蓝色。

（3）1∶5 硫酸溶液。

（4）1%（*m*/*V*）淀粉溶液。称取 1g 可溶性淀粉，用少量水调成糊状，再用刚煮沸的水冲稀至 100mL。冷却后，加入 0.1g 水杨酸或 0.4g 氯化锌防腐。

（5）0.02500mol/L（$1/6K_2Cr_2O_7$）重铬酸钾标准溶液。称取于105～110℃烘干2h并冷却的$K_2Cr_2O_7$ 1.2258g，溶于水，移入1L容量瓶中，用水稀释至标线，摇匀。

（6）硫代硫酸钠溶液。称取6.2g硫代硫酸钠（$Na_2S_2O_3 \cdot 5H_2O$）溶于煮沸放冷的水中，加入0.2g碳酸钠，用水稀释至1L。储存于棕色瓶中，使用前用0.02500mol/L $K_2Cr_2O_7$溶液标定。标定方法如下：于250mL碘量瓶中加入100mL水和1g碘化钾，加入10.00mL 0.02500mol/L $K_2Cr_2O_7$标准溶液、5mL 1∶5硫酸溶液密塞，摇匀。于暗处静置5min后，用待标定的硫代硫酸钠液滴定至溶液呈淡黄色，加入1mL淀粉溶液，继续滴定至蓝色刚好褪去为止，记录用量。

$$M=\frac{10.00\times 0.02500}{V}$$

式中 M——$Na_2S_2O_3 \cdot 5H_2O$溶液的浓度，mol/L；

V——滴定时消耗硫代硫酸钠溶液的体积，mL。

（7）硫酸，$\rho=1.84$g/mL。

（五）步骤

（1）固定溶解氧。用移液管插入溶解氧瓶的液面下，加入1mL硫酸锰溶液、2mL碱性碘化钾溶液，盖好瓶塞，颠倒混合数次，静置。待棕色沉淀物降至瓶内一半时，再颠倒混合一次，待沉淀物下降到瓶底。一般在取样现场固定。

（2）析出碘。轻轻打开瓶塞，立即用移液管插入液面下加2.0mL浓硫酸。小心盖好瓶塞，颠倒混合摇匀，至沉淀物全部溶解为止，放置暗处5min。

（3）滴定。量取100mL上述溶液于250mL锥形瓶中，用硫代硫酸钠溶液滴定至溶液呈淡黄色，加入1mL淀粉溶液，继续滴定至蓝色刚好褪去为止，记录硫代硫酸钠溶液用量(可以做平行试验)。

（六）计算

$$\text{溶解氧(mg/L)}=\frac{M\times V\times 8\times 1000}{100}$$

式中 M——$Na_2S_2O_3 \cdot 5H_2O$溶液浓度，mol/L；

V——滴定时消耗硫代硫酸钠溶液体积，mL。

（七）注意事项

（1）如果水样中含有氧化性物质（如游离氯大于0.1mg/L时），应预先于水样中加入硫代硫酸钠去除。即用两个溶解氧瓶各取一瓶水样，在其中一瓶加入5mL 1∶5硫酸和1g碘化钾，摇匀，此时游离出碘。以淀粉作指示剂，用硫代硫酸钠溶液滴定至蓝色刚褪，记下用量（相当于去除游离氯的量）。于另一瓶水样中加入同样量的硫代硫酸钠溶液，摇匀后，按操作步骤测定。

（2）如果水样呈强酸性或强碱性，可用氢氧化钠或硫酸溶液调至中性后测定。

二、叠氮化钠修正法

水样中含有亚硝酸盐会干扰碘量法测定溶解氧，可加入叠氮化钠，使水中亚硝酸盐分解而消除干扰。在不含其他氧化、还原性物质，水样中含 Fe^{3+} 达 100～200mg/L 时，可加入 1mL 40%氟化钾溶液消除 Fe^{3+} 的干扰，也可用磷酸代替硫酸酸化后滴定。

（一）仪器

同碘量法。

（二）试剂

（1）碱性碘化钾-叠氮化钠溶液。溶解 500g NaOH 于 300～400mL 水中；溶解 150g 碘化钾（或 135g NaI）于 200mL 水中；溶解 10g 叠氮化钠于 40mL 水中。混合三种溶液加水稀释至 1000mL，储存于棕色瓶中。用橡皮塞塞紧，避光保存。

（2）40%（m/V）氟化钾溶液。称取 40g 氟化钾（$KF \cdot 2H_2O$）溶于水中，用水稀释至 100mL，储存于聚乙烯瓶中。

（3）其他试剂同碘量法。

（三）步骤

同碘量法。仅将试剂碱性碘化钾溶液改为碱性碘化钾-叠氮化钠溶液。如水样中含 Fe^{3+} 干扰测定，则在水样采集后，用吸管插入液面下加入 1mL 40%氟化钾溶液、1mL 硫酸锰溶液和 2mL 碱性碘化钾-叠氮化钠溶液，盖好瓶盖，混匀。以下步骤同碘量法。

（四）计算

同碘量法。

（五）注意事项

叠氮化钠是一种剧毒、易爆试剂，不能将碱性碘化钾-叠氮化钠溶液直接酸化，否则可能产生有毒的叠氮酸雾。

（六）思考题

（1）在碘量法“（五）步骤（1）固定溶解氧”中为什么沉淀物会下降到瓶底？

（2）当被测溶液含有 Fe^{3+} 时，为什么可以用氟化钾消除？

（3）当碘析出时，为什么将溶解氧瓶放置在暗处 5min？

（4）为什么先滴定至淡黄色再加淀粉溶液？

实验四　废水生化需氧量的测定（标准稀释法）

（一）实验目的

（1）了解 BOD_5 测定的意义及稀释法测 BOD_5 的基本原理。

（2）掌握本方法的操作技能，如稀释水的制备、稀释倍数选择、稀释水的校核和溶解氧的测定等。

（二）原理

生化需氧量是指在规定条件下，微生物分解存在于水中的一些可氧化物质，特别是有机物所进行的生物化学过程消耗溶解氧的量。此生物氧化全过程时间很长，如在20℃培养时，完成此过程需100多天。目前国内外普遍规定于20℃±1℃培养5d作为检验指标，称为五日生化需氧量（BOD_5），分别测定样品培养前后的溶解氧，两者之差即为BOD_5值，以mg/L表示。溶解氧测定方法见实验三。

一些地面水及大多数工业废水因含有较多的有机物，需要稀释后再培养测定，以降低其浓度和保证降解过程在有充足的溶解氧的条件下进行。稀释程度应使培养中消耗的溶解氧大于2mg/L，而剩余溶解氧在1mg/L以上。

为了保证水样稀释后有足够的溶解氧，稀释水通常要通入空气进行曝气（或通入氧气），使稀释水中溶解氧接近饱和。稀释水中还应加入一定量的无机营养盐和缓冲物质（磷酸盐、钙、镁和铁盐等），以保证微生物生长的需要。

对于不含或少含微生物的工业废水，其中包括酸性废水、碱性废水、高温废水或经过氯化处理的废水，在测定BOD_5时应进行接种，以引入能分解废水中有机物的微生物。当废水中存在难以被一般生活污水中的微生物以正常速度降解的有机物或含有剧毒的物质时，应将驯化后的微生物引入水样中进行接种。

本方法适用于测定BOD_5大于或等于2mg/L，最大不超过6000mg/L的水样，当水样BOD_5大于6000mg/L，会因稀释带来一定的误差。

（三）仪器

（1）恒温培养箱（20℃±1℃）。

（2）5～20L细口玻璃瓶。

（3）1000～2000mL量筒。

（4）玻璃搅棒：棒的长度应比所用量筒高20cm。在棒的底端固定一个直径比量筒直径略小，并有几个小孔的硬橡胶板。

（5）溶解氧瓶：250～300mL，带有磨口玻璃塞并具有供水封用的钟形口。

（6）虹吸管：供分取水样和添加稀释水用。

（四）试剂

（1）磷酸盐缓冲溶液：将8.5g磷酸二氢钾（KH_2PO_4）、21.75g磷酸氢二钾（K_2HPO_4）、33.4g七水合磷酸氢二钠（$Na_2HPO_4 \cdot 7H_2O$）和1.7g氯化铵（NH_4Cl）溶于水中，稀释至1000mL。此溶液的pH值应为7.2。

（2）硫酸镁溶液：将22.5g七水合硫酸镁（$MgSO_4 \cdot 7H_2O$）溶于水中，稀释至1000mL。

（3）氯化钙溶液：将27.5g无水氯化钙溶于水，稀释至1000mL。

（4）氯化铁溶液：将0.25g六水合氯化铁溶于水，稀释至1000mL。

（5）盐酸溶液（0.5mol/L）：将40mL（ρ=1.18g/mL）盐酸溶于水，稀释至1000mL。

（6）氢氧化钠溶液（0.5mol/L）：将20g氢氧化钠溶于水，稀释至1000mL。

（7）亚硫酸钠溶液[$c(1/2Na_2SO_3)$=0.025mol/L]：将1.575g亚硫酸钠溶于水，稀释至1000mL。此溶液不稳定，需每天配制。

（8）葡萄糖-谷氨酸标准溶液：将葡萄糖（$C_6H_{12}O_6$）和谷氨酸在103℃干燥1h后，各称取150mg溶于水中，移入1000mL容量瓶内并稀释至标线，混合均匀。此标准溶液临用前配制。

（9）稀释水：在5～20L玻璃瓶内装入一定量的水，控制水温在20℃左右。然后用无油空气压缩机或薄膜泵，将吸入的空气先后经活性炭吸附管及水洗涤管后，导入稀释水内曝气 2～8h，使水中的溶解氧接近于饱和。停止曝气也可导入适量纯氧。瓶口盖以两层经洗涤晾干的纱布，置于 20℃培养箱中放置数小时，使水中溶解氧含量达 8mg/L 左右，临用前每升水中加入氯化钙溶液、氯化铁溶液、硫酸镁溶液、磷酸盐缓冲溶液各 1mL，并混合均匀。

稀释水的 pH 值应为 7.2，其 BOD_5 应小于 0.2mg/L。

(10) 接种液：可选择以下任一方法，以获得适用的接种液。

① 城市污水，一般采用生活污水，在室温下放置一昼夜，取上清液供用。

② 表层土壤浸出液，取 100g 花园或植物生长土壤，加入 1L 水，混合并静置 10min，取上清液供用。

③ 用含城市污水的河水或湖水。

④ 污水处理厂的出水。

⑤ 当分析含有难降解物质的废水时，在其排污口下游 3～8km 处取水样作为废水的驯化接种液。如无此种水源，可取中和或经适当稀释的废水进行连续曝气，每天加入少量该种废水；同时，加入适量表层土壤或生活污水，使能适应该种废水的微生物大量繁殖。当水中出现大量絮状物，或检查其化学需氧量的降低值出现突变时，表明适用的微生物已进行繁殖，可用于接种液。一般驯化过程需要 3～8d。

(11) 接种稀释水：取适量接种液，加于稀释水中，混匀。每升稀释水中接种液加入量为生活污水 1～10mL，表层土壤浸出液 20～30mL，河水、湖水 10～100mL。

接种稀释水的 pH 值应为 7.2，BOD_5 值以在 0.3～1.0mg/L 之间为宜。接种稀释水配制后应立即使用。

(五) 步骤

1. 水样的预处理

(1) 水样的 pH 值若超过 6.5～7.5 范围，可用盐酸或氢氧化钠稀溶液调节至近于 7，但用量不要超过水样体积的 0.5%。若水样的酸度或碱度很高，可改用高浓度的碱或酸液进行中和。

(2) 水样中含铜、铅、锌、镉、铬、砷、氰等有毒物质时，可使用经驯化的微生物接种液的稀释水进行稀释，或提高稀释倍数，以减小毒物的浓度。

(3) 含有少量游离氯的水样，一般放置 1～2h 游离氯即可消失。对于游离氯在短时间不能消散的水样，可加入亚硫酸钠溶液以除去之。其加入量如下：取中和好的水样 100mL，加入 1∶1 乙酸 10mL，10% (m/V) 碘化钾溶液 1mL，混匀。以淀粉溶液为指示剂，用亚硫酸钠标准溶液滴定游离碘。由亚硫酸钠溶液消耗的体积及其浓度计算水样中所需加入亚硫酸钠溶液的量。

(4) 从水温较低的水域或富营养化的湖泊中采集的水样可能含有过饱和溶解氧，此时应将水样迅速升温至 20℃。在不使瓶满的情况下，充分振摇，并不时开塞放气，以赶出过饱和的溶解氧。

从水温较高的水域或废水排放口取得的水样，应迅速使其冷却到 20℃左右，并充分振摇，使其与空气中氧分压接近平衡。

2. 水样的测定

(1) 不经稀释水样的测定。溶解氧含量较高、有机物含量较少的地面水，可不经稀释，直接以虹吸法将约 20℃的混匀水样转移入两个溶解氧瓶内，转移过程注意不使其产生气泡。以同样的操作使两个溶解氧瓶充满水样后溢出少许，加塞水封，瓶内不应留有气泡。

其中，一瓶随即测定溶解氧，另一瓶放入培养箱中，在20℃±1℃培养5d。在培养过程中注意添加封口水。从开始放入培养箱算起，经过五昼夜后，弃去封口水，测定剩余的溶解氧。

（2）需经稀释水样的测定。稀释倍数的确定：下述经验计算方法供稀释时参考。

①地面水。测得的高锰酸盐指数（即耗氧量）与一定系数的乘积，即求得稀释倍数（见表3-2）。

表 3-2 高锰酸盐指数与系数

高锰酸盐指数/(mg/L)	系数	高锰酸盐指数/(mg/L)	系数
<5	—	10～20	0.4、0.6
5～10	0.2、0.3	>20	0.5、0.7、1.0

② 工业废水。由重铬酸钾测得的COD值来确定。通常需做三个稀释比。使用稀释水时，由COD值分别乘以系数0.075、0.15、0.225，即获得三个稀释倍数。使用接种稀释水时，则分别乘以0.075、0.15和0.25三个系数。

（3）稀释操作

① 一般稀释法。按照选定的稀释比例，用虹吸法沿筒壁先引入部分稀释水（或接种稀释水）于1000mL量筒中，加入需要的均匀水样，再引入稀释水（或接种稀释水）至800mL，用带胶板的玻璃棒小心上下搅匀。搅拌时勿使搅棒的胶板露出水面，防止产生气泡。

按不经稀释水样测定的相同操作步骤进行装瓶，测定当天溶解氧和培养5d后的溶解氧。

另取两个溶解氧瓶，用虹吸法装满稀释水（或接种稀释水）作空白实验，测定5d前、后的溶解氧含量。

② 直接稀释法。直接稀释法是在溶解氧瓶内直接稀释。在已知两个容积相同（其差<1mL）的溶解氧瓶内，用虹吸法加入部分稀释水（或接种稀释水），再加入根据瓶容积和稀释比例计算出的水样量，然后引入稀释水（或接种稀释水）使刚好塞满，加塞，勿留气泡于瓶内，其余操作与上述一般稀释法相同。

本实验中采用碘量法测定溶解氧，如遇干扰物，应根据具体情况采用其他测定法。

（六）计算

1. 不经稀释直接培养的水样

$$BOD_5(mg/L)=c_1-c_2$$

式中 c_1——水样在培养前的溶解氧浓度，mg/L；

c_2——水样经培养后，剩余溶解氧浓度，mg/L。

2. 经稀释后培养的水样

$$BOD_5(mg/L)=\frac{(c_1-c_2)-(B_1-B_2)f_1}{f_2}$$

式中 B_1——稀释水（或接种稀释水）在培养前的溶解氧，mg/L；

B_2——稀释水（或接种稀释水）在培养后的溶解氧，mg/L；

f_1——稀释水（或接种稀释水）在培养液中所占比例；

f_2——水样在培养液中所占比例。

例如培养液的稀释比为 3%，即 3 份水样、97 份稀释水，则 $f_1=0.97$，$f_2=0.03$。

（七）注意事项

（1）测定生物处理池的出水，因其含有大量硝化细菌，因此，在测定 BOD_5 时也包括了部分含氮化物的需氧量。对于这样的水样，如果只需要测定有机物降解的需氧量，可以加入硝化抑制剂，抑制硝化过程。为此目的，在每升稀释水样中加入 1mL 浓度为 500mg/L 的烯丙基硫脲（ATU，$C_4H_8N_2S$），或一定量的固定在氯化钠上的 2-氯代-6-(三氯甲基）吡啶（TCMP，$ClC_5H_3NCH_3$），使 TCMP 在稀释样品中的浓度大约为 0.5mg/L。

（2）玻璃器皿应彻底洗净。先用洗涤剂浸泡清洗，然后用稀盐酸浸泡，最后依次用自来水、蒸馏水洗净。

（3）在两个或三个稀释比的样品中，凡消耗溶解氧大于 2mg/L 和剩余溶解氧大于 1mg/L 时，计算结果应取其平均值。若剩余的溶解氧小于 1mg/L，甚至为零时，应加大稀释比。溶解氧消耗量小于 2mg/L，有两种可能：一种是稀释倍数过大；另一种可能是微生物菌种不适应，活性差，或含毒物质浓度过大，这时可能在几个稀释比中稀释倍数大的消耗溶解氧反而较多。

（4）为检查稀释水和接种液的质量，以及化验人员的操作水平，可将 20mL 葡萄糖-谷氨酸标准溶液用接种稀释水稀释至 1000mL，按测定的步骤操作测定 BOD_5。测得 BOD_5 的值应在 180～230mg/L 之间。否则应检查接种液、稀释水的质量或操作技术是否存在问题。

（5）水样稀释倍数超过 100 倍时，应预先在容量瓶中用水初步稀释，再取适量进行最后稀释培养。

（八）思考题

（1）本实验误差的主要来源是什么？如何使实验结果较准确？

（2）BOD_5 在环境评价中有何作用？有何局限性？

（3）在溶解氧测定时，当水样中加入 $MnSO_4$ 和 KI 后，瓶内出现白色絮状沉淀，这说明了什么？

实验五　废水化学需氧量的测定（重铬酸盐法）

（一）实验目的

（1）训练浓硫酸与水溶液混合的操作。

（2）用倾倒法转移溶液的操作。

（3）复习酸式滴定管涂抹凡士林、检漏、装液、调零等操作；滴定管流线型滴定、一滴及半滴滴定等基本操作，掌握 COD_{Cr} 测定的原理。

本方法适用于各类型的 COD_{Cr} 值在 30～700mg/L 之间的水样（上限指未经稀释的水样），不适用于含氯化物浓度大于 1000mg/L 的水样。

（二）原理

在强酸性溶液中准确加入过量的重铬酸钾标准溶液，加热回流，将水中还原性物质（主要是有机物）氧化，过量的重铬酸钾以试亚铁灵为指示剂，用硫酸亚铁铵标准溶液回滴。根据所消耗的重铬酸钾标准溶液量，计算水样的化学需氧量。

$$Cr_2O_7^{2-} + 14H^+ + 6Fe^{2+} \longrightarrow 2Cr^{3+} + 6Fe^{3+} + 7H_2O$$

$$Cr_2O_7^{2-} + C(\text{有机物}) \longrightarrow CO_2 + Cr^{3+} + H_2O$$

（三）仪器

COD_{Cr} 测定加热回流装置、50mL 酸式滴定管、500mL 锥形瓶、防爆沸碎瓷片，相关装置见图 3-2。

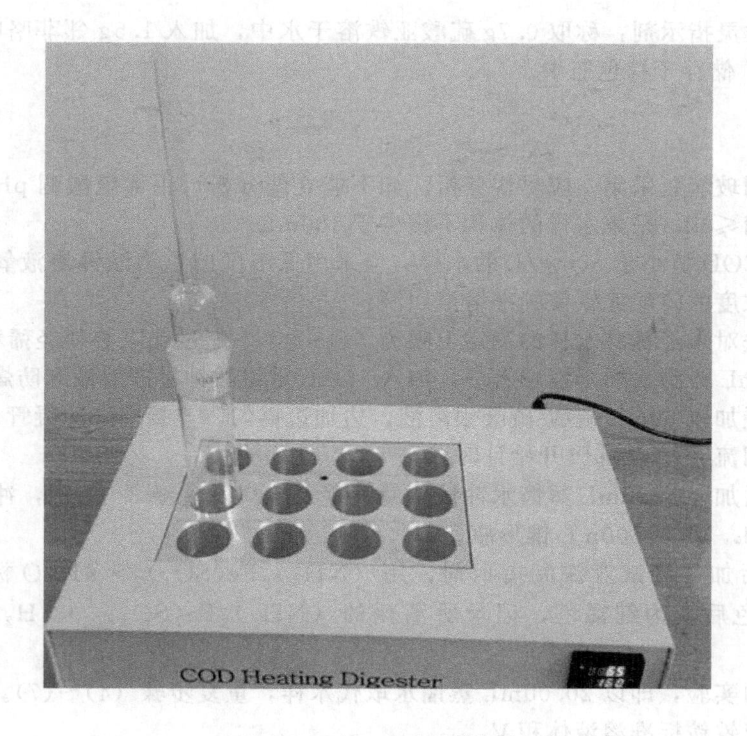

图 3-2　COD_{Cr} 加热回流装置

（四）试剂

(1) 0.250mol/L $K_2Cr_2O_7$ 标准溶液：取 105℃烘干 2h 的 12.258g $K_2Cr_2O_7$ 溶于水中，移入 1L 容量瓶，稀释至标线。

(2) 0.0250mol/L 的重铬酸钾标准溶液：将以上重铬酸钾标准溶液稀释 10 倍即可。

(3) H_2SO_4-Ag_2SO_4 溶液：于 1L 硫酸中加入 10g 硫酸银，搅拌使其溶解，约需 1～2d。使用前小心摇动。

(4) 0.10mol/L 硫酸亚铁铵标准溶液：称取 39g 硫酸亚铁铵［$(NH_4)_2Fe(SO_4)_2$ ·

$6H_2O$] 溶于水，边搅边缓慢加入20mL硫酸，混匀冷却后移入1000mL容量瓶中，稀释至标线。每次临用前，必须用重铬酸钾标准溶液准确标定此溶液的浓度。

(5) 硫酸亚铁铵标准溶液标定：取10.00mL重铬酸钾标准溶液于锥形瓶中，用水稀释至约100mL，加入30mL硫酸，混匀冷却后，加3滴试亚铁灵指示剂，用硫酸亚铁铵标准溶液滴定，溶液的颜色由黄色经蓝绿色变为红褐色，即为终点。记录硫酸亚铁铵标准溶液的消耗量（mL）。

硫酸亚铁铵标准溶液滴定溶液的浓度计算：

$$c[(NH_4)_2Fe(SO_4)_2 \cdot 6H_2O]=\frac{2.50}{V}$$

式中 V——滴定时消耗硫酸亚铁铵溶液的体积，mL。

低浓度（0.010mol/L）的硫酸亚铁铵溶液：将以上硫酸亚铁铵标准溶液稀释10倍即可。

(6) 试亚铁灵指示剂：称取0.7g硫酸亚铁溶于水中，加入1.5g邻菲咯啉，搅拌溶解，稀释至100mL，储存于棕色瓶中。

（五）步骤

(1) 水样用玻璃瓶采集，应尽快分析。如不能立即分析，用稀硫酸调pH<2，4℃下保存。但保存时间≤5d。采集水样的体积不得少于100mL。

(2) 对于COD值小于50mg/L的水样，应采用低浓度的重铬酸钾溶液氧化，加热回流以后，采用低浓度的硫酸亚铁铵标准溶液回滴。

(3) 本方法对未经稀释水样的测定上限为700mg/L，超过此限必须经稀释后测定。

(4) 取20mL待测水样于消解管中，加入10mL重铬酸钾标准溶液和防爆沸碎瓷片，充分摇匀。再缓慢加入30mL硫酸-硫酸银溶液，边加边摇匀，连接空气冷凝管。

(5) 加热回流2h，从沸腾开始计时。

(6) 冷却后加60～90mL蒸馏水冲洗冷凝管壁及接口，洗涤3～4次，冲洗后溶液总体积不大于150mL，移入500mL锥形瓶。

(7) 冷却后加3滴试亚铁灵指示剂，用 $(NH_4)_2Fe(SO_4)_2 \cdot 6H_2O$ 标准溶液滴定。经黄色、蓝绿色后变为红褐色，记录所消耗的 $(NH_4)_2Fe(SO_4)_2 \cdot 6H_2O$ 标准溶液体积 V_1。

(8) 做空白实验，即以20.00mL蒸馏水取代水样，重复步骤(4)～(7)。得到滴定空白所消耗的硫酸亚铁铵标准溶液体积 V_0。

(9) 取学校湖水或河水，用0.45μm滤膜预处理后，取20mL进行上述实验。

(10) 用已知量葡萄糖和蒸馏水配制 COD_{Cr} 在500mg/L左右的自配已知溶液，与上述同步测定，来判断方法的准确性。

（六）计算

$$COD_{Cr}(O_2, mg/L)=\frac{(V_0-V_1)\times c\times 8000}{V}$$

式中 c——硫酸亚铁铵标准溶液浓度，mol/L；

V_0——空白试验所消耗的 $(NH_4)_2Fe(SO_4)_2 \cdot 6H_2O$ 标准溶液的体积，mL；

V_1——试样所消耗的 $(NH_4)_2Fe(SO_4)_2 \cdot 6H_2O$ 标准溶液的体积，mL；

V——试样的体积，mL；

8000——$1/4O_2$ 的摩尔质量以 mg/L 为单位的换算值。

（七）注意事项

（1）如果水样中 COD_{Cr} 含量过高，应减少水样取样量，进行稀释。若加入水样和试剂摇匀加热后溶液成为绿色，就应减少水样取样量，以溶液不变成绿色为准。但所取水样量不得少于 5mL；或者再加入 5mL 重铬酸钾进行测试。注意，空白样也需加 5mL 重铬酸钾。

（2）去干扰实验。如已知水样中氯离子含量超过 30mg/L 时，应先加入 0.4g 硫酸汞，再加入 20.00mL 水样进行实验。

（八）思考题

（1）测定化学需氧量的方法有哪几种？分别在什么条件下使用？

（2）COD_{Cr} 与 TOC 区别和联系有哪些？

（3）影响 COD_{Cr} 测定准确度的因素有哪些？

（4）本实验硫酸汞和硫酸-硫酸银各起什么作用？

（5）查阅文献，BOD_5 和 COD_{Cr} 的比值在什么值时，废水可以进行生化处理？

（6）校园河水如果不进行预处理，结果会怎样？

实验六　高锰酸盐指数的测定

（一）实验目的

（1）了解高锰酸盐指数测定的意义及该方法的适用范围。

（2）掌握酸性法测定高锰酸盐指数的原理、方法及测定步骤。

（3）进一步了解氧化还原滴定法的原理和步骤，熟悉返滴定法的操作要点。

（二）实验原理

样品中加入已知量的高锰酸钾和硫酸，在沸水浴中加热 30min。高锰酸钾将样品中的某些有机和无机可氧化物质氧化，反应后加入过量的已知浓度的草酸钠还原剩余的高锰酸钾，再用高锰酸钾标准溶液回滴过量的草酸钠。通过计算得到样品中高锰酸盐指数。

水中的需氧量大小是水质污染程度的重要指标之一。它分为化学需氧量（COD）和生化需氧量（BOD，或生物需氧量）两种。

BOD 是指水中有机物在好氧微生物作用下，进行好氧分解过程所消耗水中溶解氧的量；COD 是指在特定条件下，采用一定的强氧化剂处理水样时，消耗氧化剂所相当的氧量，以 O_2 表示（mg/dm^3）。水被有机物污染是很普遍的，水中还原物质包括有机物、亚硝酸盐、亚铁盐、硫化物等。化学需氧量反映了水体受还原性物质污染的程度，因此 COD 也作为有机物相对含量的指标之一。

水样 COD 的测定会因加入氧化剂的种类和浓度、反应溶液的温度、酸度和时间，以及催化剂存在与否而得到不同的结果。因此，COD 是一个条件性的指标，必须严格按照操作步骤进行。COD 的测定有几种方法，一般水样可以用高锰酸钾法；对于污染较严重的水样或工业废水，则用重铬酸钾法或库仑法。

由于高锰酸钾法是在规定的条件下进行的反应，所以，水中有机物只能部分被氧化，并不是理论上的全部需氧量，也不反映水体中总有机物的含量。因此，常用高锰酸钾指数这一术语作为水质的一项指标，以有别于重铬酸钾法测得的化学需氧量。

高锰酸钾法分为酸性法和碱性法两种。本实验以酸性法测定水样的化学需氧量，即高锰酸盐指数。

水样加入硫酸酸化后，加入过量的 $KMnO_4$ 溶液，并在沸水浴中加热反应一定时间；然后加入过量的 $Na_2C_2O_4$ 标准溶液，使之与剩余的 $KMnO_4$ 充分作用。再用 $KMnO_4$ 溶液回滴过量的 $Na_2C_2O_4$，通过计算求得高锰酸盐指数值。有关的反应式如下：

$$4MnO_4^- + 5C + 12H^+ = 4Mn^{2+} + 5CO_2(g) + 6H_2O$$

$$2MnO_4^- + 5C_2O_4^{2-} + 16H^+ = 2Mn^{2+} + 10CO_2(g) + 8H_2O$$

其中，C（碳）代表水中能和 $KMnO_4$ 反应的还原性物质。

根据以上两个反应式，

$$高锰酸钾指数(O_2, mg/dm^3) = \frac{[5c_{KMnO_4} \times (V_1 + V_2)_{KMnO_4} - 2(c \times V)_{Na_2C_2O_4}] \times \frac{M_{O_2}}{4} \times 1000}{V_{水样}}$$

式中　V_1 和 V_2——$KMnO_4$ 开始加入的体积和回滴过量 $Na_2C_2O_4$ 的体积，mL；

c_{KMnO_4} 和 $c_{Na_2C_2O_4}$——以 $KMnO_4$ 和 $Na_2C_2O_4$ 为基本单元的物质的量浓度，mol/L。

（三）仪器与试剂

(1) 250mL 锥形瓶。

(2) 50mL 酸式滴定管。

(3) 沸水浴装置。

(4) 硫酸：密度为 1.84g/mL。

(5) 硫酸，1∶3 溶液：在不断搅拌下，将 100mL 硫酸慢慢加入 300mL 水中。趁热加入数滴高锰酸钾溶液，直至溶液出现粉红色。

(6) 草酸钠标准储备溶液，浓度为 0.0500mol/L：称取 6.7050g 经 120℃烘干 2h 并冷却的基准草酸钠（$Na_2C_2O_4$）溶解于水中，移入 1000mL 容量瓶中，用水稀释至标线，混匀储存。此溶液放置阴暗处（4℃），可保存 6 个月。

(7) 草酸钠标准溶液，浓度为 0.0050mol/L：吸取 100.00mL 草酸钠标准储备溶液于 1000mL 容量瓶中，用水稀释至标线，混匀。此标准溶液可常温保存 2 周。

(8) 高锰酸钾标准储备溶液，浓度约为 0.0200mol/L：称取 3.2g 高锰酸钾溶解于 1000mL 水中。于 90～95℃水浴中加热此溶液 2h，冷却，放置 2d，缓慢倒出上清液，储存于棕色瓶中保存。使用前进行浓度标定。标定方法如下。

取 50mL 重蒸水于 250mL 锥形瓶中，加 5mL 硫酸（1∶3），混匀后加热使液体温度在 65～80℃之间，取出后用滴定管加草酸钠标准储备溶液 10mL，用待标定的高锰酸钾溶液滴定，终点至溶液成为粉红色，并保持 30s；同时，做空白溶液。

高锰酸钾标准滴定溶液的浓度按下式计算：

$$c(KMnO_4) = \frac{c \times V}{V_1 - V_2}$$

式中　c——草酸钠的物质的量浓度，mol/L；

V——移取草酸钠的体积，mL；

V_1——滴定高锰酸钾溶液消耗的体积，mL；

V_2——空白试验消耗高锰酸钾溶液的体积，mL。

(9) 高锰酸钾标准溶液，浓度约为0.0020mol/L：吸取一定体积精确标定的高锰酸钾标准储备溶液，用不含还原性物质的水稀释至浓度0.0020mol/L，混匀。此溶液在暗处可保存几个月，使用当天标定其浓度。

(四) 实验步骤

(1) 吸取50.0mL经充分摇动、混合均匀的样品（若高锰酸盐指数高于10mg/L，则酌量少取，并用水稀释至50mL于250mL锥形瓶中）。

(2) 加入5mL硫酸（1∶3），混匀。

(3) 加入10.00mL高锰酸钾标准溶液，摇匀。

(4) 将锥形瓶置于沸水浴内加热30min（水浴沸腾时加入样品，重新沸腾后开始计时，温度在96～98℃之间）。

(5) 取出后趁热加入10.00mL草酸钠标准溶液至溶液变无色，立即用高锰酸钾标准溶液滴定至刚出现粉红色，并保持30s不褪色。记录消耗的高锰酸钾溶液体积V_1。

(6) 空白试验：用50mL重蒸水代替样品，按上述步骤测定，记录下回滴的高锰酸钾标准溶液体积V_0。

(7) 向空白试验滴定的溶液中加入10.00mL草酸钠标准溶液。如果需要，将溶液加热到80℃。用高锰酸钾标准溶液滴定至刚出现粉红色，并保持30s不褪色。记录下消耗的高锰酸钾标准溶液体积V_2。

(五) 结果计算

高锰酸钾指数（I_{Mn}）以每升样品消耗毫克氧数来表示（O_2，mg/L），按下式计算（无论样品是否稀释，高锰酸钾指数均可以按下式计算）：

$$I_m=\frac{(V_1-V_0)K\times c_2\times 16\times 1000}{V}$$

式中　V_1——滴定样品消耗的高锰酸钾溶液体积，mL；

V_0——空白试验消耗的高锰酸钾溶液体积，mL；

V——样品体积，mL；

K——高锰酸钾溶液的校正系数；

c_2——草酸钠标准溶液的浓度，mol/L；

16——氧原子摩尔质量，g/mol；

1000——氧原子摩尔质量g转化为mg的变化系数。

上式中的K值可用下式计算：

$$K=\frac{10.00}{V_2}$$

式中　10.00——加入草酸钠标准溶液的体积，mL；

V_2——标定时消耗的高锰酸钾溶液体积，mL。

(六) 注意事项

(1) 沸水浴的水面要高于锥形瓶内反应溶液的液面。

(2) 样品从沸水浴中取出到滴定完成的时间应控制在2min内。

(3) 样品量以加热氧化后残留的高锰酸钾标准溶液为其加入量的1/2～1/3为宜。加热时，若溶液红色褪去，说明高锰酸钾量不够，需重新取样，经稀释后测定。

(4) 滴定时温度若低于60℃，反应速度缓慢，因此加热到80℃左右，但不能高于90℃。若高于90℃，会引起草酸钠的分解。

(5) 沸水浴温度为98℃。若高原地区测定，报出数据时，需注明水的沸点。

(6) 可配制葡萄糖水溶液作为标准对比液以确定方法的准确性。

（七）思考题

(1) 测定高锰酸盐指数的理论依据是什么？

(2) 测定时应控制哪些因素？

(3) 试分析用高锰酸钾法和重铬酸钾法测定废水化学需氧量的区别。

(4) 为什么用高锰酸钾滴定时，滴定管读数应以液面的上沿最高线为准，而不是以液面的弯月面下为准？

实验七　水中氨氮的测定（纳氏试剂光度法）

实验目的：了解含氨废水的预处理方法，训练有毒试剂使用及废液处理，巩固分光光度计的操作技能。

一、水样的预处理

对于无色、透明、含氨氮量较高的清洁水样，可直接取水样测定。

水样带色或浑浊以及其他一些干扰物质会影响氨氮的测定，为此，在分析时需作适当的预处理。对较清洁的水，可采用絮凝沉淀法；对污染严重的水或工业废水，则以蒸馏法使之消除干扰。

（一）絮凝沉淀法

加适量的硫酸锌于水样中，并加氢氧化钠使呈碱性，生成氢氧化锌沉淀，再经过滤除去颜色和浑浊等。

1. 仪器

100mL具塞比色管，移液管，分光光度计，pH计等。

2. 试剂

(1) 10%（m/V）硫酸锌溶液：称取10g硫酸锌溶于水，稀释至100mL。

(2) 25%氢氧化钠溶液：称取25g氢氧化钠溶于水，稀释至100mL，储存于聚乙烯瓶中。

(3) 硫酸（$\rho=1.84g/cm^3$）。

3. 步骤

取100mL水样于具塞比色管中，加入1mL 10%硫酸锌溶液和0.1～0.2mL 25%氢氧化钠溶液，调节pH值至10.5左右，混匀。放置使沉淀，用经无氨水充分洗涤过的中速滤纸过滤，弃去初滤液20mL。

（二）蒸馏法

调节水样的pH值于6.0～7.4，加入适量氧化镁使呈微碱性，蒸馏释出的氨，被吸收于硼酸溶液中。

1. 仪器

带氮球的定氮蒸馏装置：500mL 凯氏烧瓶、氮球、直形冷凝管和导管。

2. 试剂

水样稀释及试剂配制均用无氨水。

(1) 无氨水制备

① 蒸馏法。每升蒸馏水中加 0.1mL 浓硫酸，在全玻璃蒸馏器中重蒸馏，弃去 50mL 初馏液，接取其余馏出液于具塞磨口的玻璃瓶中，密塞保存。

② 离子交换法。使蒸馏水通过强酸性阳离子交换树脂柱。

(2) 1mol/L 盐酸溶液。

(3) 1mol/L 氢氧化钠溶液。

(4) 轻质氧化镁（MgO）：将氧化镁在 500°C 下加热，除去碳酸盐。

(5) 0.05%溴百里酚蓝指示液（pH=6.0～7.6）。

(6) 防沫剂，如石蜡碎片。

(7) 硼酸吸收液：称取 20g 硼酸溶于水，稀释至 1L。

3. 步骤

(1) 蒸馏装置的预处理：加 250mL 水于凯氏烧瓶中，加 0.25g 轻质氧化镁和数粒玻璃珠，加热蒸馏，至馏出液不含氨为止，弃去瓶内残液。

(2) 分取 250mL 水样（如氨氮含量较高，可分取适量并加水至 250mL，使氨氮含量不超过 2.5mg），移入凯氏烧瓶中，加数滴溴百里酚蓝指示剂，用氢氧化钠溶液或盐酸溶液调节至 pH=7 左右。加入 0.25g 轻质氧化镁和数粒玻璃珠，立即连接氮球和冷凝管，导管下端插入吸收液液面下。加热蒸馏，至馏出液达 200mL 时，停止蒸馏。定容至 250mL。

采用纳氏比色法时，以 50mL 硼酸溶液为吸收液。

4. 注意事项

(1) 蒸馏时应避免发生爆沸，不然会造成馏出液温度升高，氨吸收不完全。

(2) 防止在蒸馏时产生泡沫，必要时可加少许石蜡碎片于凯氏烧瓶中。

(3) 水样如含余氯，应加入适量 0.35%硫代硫酸钠溶液，每 0.5mL 可除去 25mg 余氯。

二、纳氏试剂光度法

(一) 原理

碘化汞和碘化钾的碱性溶液与氨反应生成淡红棕色胶态化合物，此颜色在较宽的波长范围内具有强烈吸收。通常测量用波长在 410～425nm 范围内。

(二) 干扰及消除

脂肪胺、芳香胺、醛类、丙酮、醇类和有机氯胺类等有机化合物，以及铁、锰、镁和硫等无机离子，因产生异色或浑浊而引起干扰，水中颜色和浑浊也影响比色。为此，须经絮凝沉淀过滤或蒸馏预处理，易挥发的还原性干扰物质还可在酸性条件下加热除去。对金属离子的干扰，可加入适量的掩蔽剂加以消除。

(三) 方法适用范围

本法最低检出浓度为 0.025mg/L（光度法），测定上限为 2mg/L。采用目视比色法，最低检出浓度为0.02mg/L。水样作适当的预处理后，本法可适用于地面水、地下水、工业废水和生活污水。

（四）仪器

分光光度计、pH计。

（五）试剂

配制试剂用水均为无氨水。

1. 纳氏试剂（可选择下面一种方法配制）

（1）称取20g碘化钾溶于25mL水中，边搅拌边分次少量加入二氯化汞结晶粉末（约10g），至出现朱红色沉淀不易溶解时，改为滴加饱和二氯化汞溶液，并充分搅拌，至出现朱红色沉淀不再溶解时，停止滴加二氯化汞溶液。

另称取60g氢氧化钾溶于水，并稀释至250mL，冷却至室温后，将上述溶液在搅拌的情况下徐徐注入氢氧化钾溶液中，用水稀释至400mL，混匀。静置过夜，将上清液移入聚乙烯瓶中，密封保存。

（2）称取16g氢氧化钠，溶于50mL水中，充分冷却至室温。称取7g碘化钾和10g碘化汞溶于水中，然后将此溶液在搅拌下徐徐注入氢氧化钠溶液中，用水稀释至100mL，储存于聚乙烯瓶中，密封保存。

2. 酒石酸钾钠溶液

称取50g酒石酸钾钠溶于20～50mL水中，加热煮沸以除去氨，冷却，定容至100mL。

3. 铵标准储备溶液

称取3.819g经100℃干燥过的氯化铵溶于水中，移入1L容量瓶中，稀释至标线。此溶液为1.00mg/mL氨氮。

4. 铵标准使用液

量取5.00mL铵标准储备溶液于500mL容量瓶中，用水稀释至标线。此溶液每毫升含0.010mg氨氮。

（六）步骤

1. 标准曲线的绘制

吸取0.00mL、0.50mL、1.00mL、3.00mL、5.00mL、7.00mL和10.00mL铵标准使用液于50mL比色管中，加入1.0mL酒石酸钾钠溶液，混匀。加1.5mL纳氏试剂，加水至标线，混匀。放置10min后，在波长420nm处，用光程1cm的比色皿，空白溶液为参比，测量吸光度。

由测得的吸光度绘制氨氮含量（mg）对吸光度的标准曲线。

2. 水样的测定

（1）取适量经絮凝沉淀预处理的水样（使氨氮含量不超过0.1mg），加入50mL比色管中，稀释至标线，加1.0mL酒石酸钾钠溶液。

（2）取适量经蒸馏预处理的馏出液，加入50mL比色管中，加一定量的1mol/L的氢氧化钠溶液以中和硼酸，稀释至标线。加1.5mL纳氏试剂，混匀。放置10min后，同标准曲线步骤测量吸光度。

（七）计算

由水样测得的吸光度减去空白试验的吸光度后，从标准曲线上查得氨氮含量（mg）。

$$氨氮(N, mg/L)=\frac{m}{V}\times 1000$$

式中 m——由标准曲线查得的氨氮含量，mg；

V——水样体积，mL。

（八）注意事项

（1）纳氏试剂中碘化汞和碘化钾的比例对显色反应的灵敏度有很大影响，静置后生成的沉淀应如何除去？

（2）滤纸中常含有痕量铵盐，使用时应注意用无氨水洗涤。所用的玻璃器皿应避免实验室空气中氨的污染。

实验八　自来水中硝酸盐氮的测定

（一）实验目的

（1）学习752型分光光度计的结构及使用方法。

（2）熟练掌握紫外分光光度计测定硝酸盐氮（NO_3^--N）的原理和方法。

（二）实验原理

在地表水中，硝酸盐氮含量极微，某些地下水、工业废水和生活污水中含硝酸盐氮较高，过多的硝酸盐氮对人体有害。因此，饮用水中硝酸盐氮的含量不允许超过10mg/L。本实验应用紫外分光光度法测定水中硝酸盐氮的含量。

硝酸根离子在紫外光区有强烈吸收，利用它在220nm处的吸光度可定量测定硝酸盐氮。溶解的有机物在220nm处也会有吸收，而硝酸根离子在275nm处没有吸收。因此，在275nm处做另一次测量，以校正硝酸盐氮值。该方法可测定自来水、地下水、井水和清洁地面水中的硝酸盐氮，其最低检出浓度为0.08mg/L，测量上限为4mg/L。

氯化物在此波长不干扰测定，但有时可溶性有机物、亚硝酸盐、六价铬、表面活性剂、碳酸氢盐和碳酸盐存在时干扰测定。采用絮凝共沉淀和大孔中性吸附树脂进行处理，以排除水样中大部分常见有机物、浊度和 Fe^{2+}、Cr(Ⅵ）对测定的干扰。

（三）仪器及试剂

1. 主要仪器

（1）752型分光光度计，石英比色皿。

（2）容量瓶：50mL；100mL。

2. 主要试剂

（1）硝酸盐标准储备溶液：称取0.7218g经105～110℃干燥2h的优级纯硝酸钾（KNO_3），溶于蒸馏水中，稀释至1000mL。此溶液为100mg/L硝酸盐氮。

（2）1mol/L盐酸。

（四）实验步骤

（1）将仪器接通电源，打开仪器开关，预热20min，选择测定波长，对仪器调100%和0%的透光率，准备进行测定。

（2）配制标准溶液：吸取硝酸盐标准储备溶液10mL注入100mL容量瓶中，用蒸馏水稀释至100mL，所得稀释标准溶液的浓度为10mg/L（即10μg/mL）。

分别取1.00mL、2.50mL、5.00mL、7.50mL、10.00mL稀释标准溶液注入50mL容量瓶中，各加入1mL 1mol/L盐酸，用蒸馏水稀释至刻度。则5个标准溶液的硝酸盐含量分别为0.2μg/mL、0.5μg/mL、1.0μg/mL、1.5μg/mL、2.0μg/mL。

（3）配制空白溶液：在50mL容量瓶中加入1mL、1mol/L盐酸，用蒸馏水稀释至刻度。做空白溶液。

（4）在一个比色皿中放入蒸馏水做参比，其他比色皿放入蒸馏水做样品，在220nm波长处分别测定其吸光度，吸光度最小者为一对。记下读数。

（5）空白值的测定：用配好对的比色皿，一个放蒸馏水做参比，另一个放入空白溶液做样品。在220nm波长处分别测定其吸光度，记下读数，即空白值。

（6）工作曲线的测定：用配好对的比色皿，一个放蒸馏水做参比，另一个放入标准溶液分别在220nm和275nm波长处依次测定5个标准溶液的吸光度，记下读数。

（7）样品的测定：打开水龙头，将水放几分钟，将积存在管道中的陈旧水排出后再采样，用所取的水样冲洗盛样品烧杯几次，用20mL的移液管取20mL水样放入50mL容量瓶中，加1mL、1mol/L盐酸，用水稀释至刻度。用蒸馏水做参比，用石英比色皿分别测定样品在220nm和275nm（硝酸盐在此波长无吸收）处的吸光度A_{220}和A_{275}，记录数据。

（8）加标回收率的测定：取两份20mL水样，分别放入两个50mL容量瓶中，各加入1mL 1mol/L盐酸，1份直接定容，另一份加入3mL标准使用液，再定容。用蒸馏水做参比，用石英比色皿分别测定样品在220nm和275nm（硝酸盐在此波长无吸收）处的吸光度A_{220} A_{275}，记录数据。

（五）实验结果与数据处理

（1）根据实验数据，并以标准溶液的吸光度（$A_{标液}=A_{220}-2A_{275}$）和其相应的硝酸盐氮浓度绘制工作曲线。

（2）根据水样的吸光度由标准曲线求得相应的硝酸盐氮的含量，并根据稀释倍数计算水样中硝酸盐氮的含量。

（3）根据加标回收实验数据计算加标回收率。

注意：吸光度值要扣除比色皿的误差和空白值的误差。

（六）思考题

（1）紫外分光光度法和752分光光度计的工作原理分别是什么？

（2）本实验影响测定准确度的因素有哪些？

实验九　总磷的测定

（一）实验目的

掌握钼酸铵分光光度法测定总磷的原理和操作；学习含磷废水的预处理方法及操作。

（二）原理

在天然水和废水中，磷几乎都以各种磷酸盐的形式存在，它们分为正磷酸盐、缩合磷酸盐（焦磷酸盐、偏磷酸盐和多磷酸盐）和有机结合的磷酸盐，存在于溶液中、腐殖质粒子中或水生生物中。水中磷的测定，通常按其存在的形式，分别测定总磷、溶解性正磷酸盐和总溶解性磷。本实验所测定的是水中总磷。

水样经硫酸-过硫酸钾消解后，使不同形式的磷转化为正磷酸盐。在酸性条件下，正磷酸盐与钼酸铵反应（酒石酸锑钾为催化剂），生成磷钼杂多酸，被还原剂抗坏血酸还原，变成蓝色配合物，即磷钼蓝。反应式如下：

$$PO_4^{3-}+12MoO_4^{2-}+24H^+ +3NH_4^+ \longrightarrow (NH_4)_3PO_4 \cdot 12MoO_3+12H_2O$$

本方法最低检出浓度为 0.01mg/L（吸光度 $A=0.01$ 时所对应的浓度），测定上限为 0.6mg/L。适应于地面水、生活污水及日化、磷肥、机械加工金属表面磷化处理、农药、钢铁、焦化等行业或领域的工业废水中的正磷酸盐分析。

（三）仪器

电炉或电热板、调压器、50mL 具塞比色管、分光光度计、医用手提式蒸气消毒器或一般压力锅（操作压力为 1.1～1.4kgf/cm^2，1kgf/cm^2＝0.1MPa）。

（四）试剂

(1)（3∶7）硫酸溶液。

(2) 5%（m/V）过硫酸钾溶液：溶解 5g 过硫酸钾于水中，并稀释至 100mL。

(3)（1∶1）硫酸溶液。

(4) 10%（m/V）抗坏血酸溶液：溶解 10g 抗坏血酸于水中，并稀释至 100mL。储存在棕色玻璃瓶中，冷藏可稳定几周。如颜色变黄，则应弃去重配。

(5) 钼酸盐溶液：溶解 13g 四水合钼酸铵[$(NH_4)_6Mo_7O_{24} \cdot 4H_2O$]于 100mL 水中。另溶解 0.35g 酒石酸锑钾[$K(SbO)C_4H_4O_6 \cdot 1/2H_2O$]于 100mL 水中。在不断搅拌下，将四水合钼酸铵溶液徐徐加到 300mL（1∶1）硫酸中，再加酒石酸锑钾溶液并混合均匀。试剂储存在棕色的玻璃瓶中于冷处保存，至少可稳定 2 个月。

(6) 浊度-色度补偿液：混合两份体积的（1∶1）硫酸和一份体积的 10%抗坏血酸溶液。此溶液应在当天配制。

(7) 磷酸盐储备溶液：将磷酸二氢钾于 110℃干燥 2h，在干燥器中放冷。称取 0.217g 溶于水，移入 1000mL 容量瓶中。加（1∶1）硫酸 5mL，用水稀释至标线。此溶液每毫升含 50.0μg 磷（以 P 计）。

(8) 磷酸盐标准溶液：吸取 10.00mL 磷酸盐储备溶液于 250mL 容量瓶中，用水稀释至标线。此溶液每毫升含 2.00μg 磷。临用时现配。

(9) 氢氧化钠溶液，$c(NaOH)=1mol/L$。

(10) 1%（m/V）酚酞溶液：0.5g 酚酞溶于 50mL95%乙醇中。

（五）步骤

1. 消解

方法一：分取适量混合水样（含磷不超过 30μg）于 150mL 锥形瓶中，加水至 50mL；加数粒碎陶瓷片，加 1mL（3∶7）硫酸溶液，5mL 5%过硫酸钾溶液，置电热板或可调电炉上加热煮沸，调节温度使其保持微沸 30～40min，至最后体积为 10mL 止。放冷，加 1 滴酚酞指示剂，滴加氢氧化钠溶液至刚呈微红色，再滴加 1mol/L 硫酸溶液使红色褪去，充分摇匀。如溶液不澄清，则用滤纸过滤于 50mL 比色管中，用水洗锥形瓶及滤纸，一并移入比色管中，加水至标线，供分析用。

方法二：过硫酸钾消解。取25mL样品于具塞刻度管中，取时应仔细摇匀，以得到溶解部分和悬浮部分均具有代表性的试样。向试样中加4mL过硫酸钾溶液，将具塞刻度管的盖塞紧后，用一小块布和线将玻璃塞扎紧（或用其他方法固定），放在大烧杯中置于高压蒸气消毒器中加热，待压力达1.1kgf/cm^2，相应温度为120℃时，保持30min后停止加热。待压力表读数降至零后，取出放冷（会打不开盖子!）。然后用水稀释至标线。

注意：如用硫酸保存水样，当用过硫酸钾消解时，需先将试样调至中性。

2. 校准曲线的绘制

取数支50mL具塞比色管，分别加入磷酸盐标准使用液0.00mL、0.50mL、1.00mL、3.00mL、5.00mL、10.0mL、15.0mL。

3. 显色

向比色管中加入1mL 10%（m/V）抗坏血酸溶液混匀，30s后加2mL钼酸盐溶液充分混匀，放置15min，加水至50mL。

4. 测量

用10mm或30mm比色皿，于700nm波长处，以零浓度溶液为参比，测量吸光度。

5. 样品测定

分取适量按方法一或方法二预处理后的水样于50mL具塞比色管中（使含磷量不超过30μg），用水稀释至标线。以下按绘制标准校准曲线的步骤进行显色和测量。减去空白实验的吸光度，并从校（标）准曲线上查出含磷量。

（六）计算

$$磷酸盐(TP,mg/L)=\frac{m}{V}$$

式中　m——由校准曲线查得的磷量，μg；

　　　V——水样体积，mL。

（七）注意事项

当砷含量大于2mg/L，硫化物含量大于2mg/L，六价铬大于50mg/L，亚硝酸盐大于1mg/L时有干扰，应设法消除。

（八）思考题

（1）在测定磷的过程中，如果加入试剂的顺序颠倒，会出现怎样的结果？

（2）用分光光度计测定吸光度时，如果比色皿中有气泡对结果有什么影响？如果比色皿外壁有水痕对结果有什么影响？

实验十　水体中氰化物的测定

实验目的：了解易挥发有毒气体的预处理方法；掌握氰化物氰根离子的测定方法。

氰化物属于剧毒物，对人体的毒性主要是与高铁细胞色素氧化酶结合，生成氰化高铁细胞色素氧化酶而失去传递氧的作用，引起组织缺氧窒息。

水中氰化物可分为简单氰化物和络合氰化物两种。简单氰化物包括碱金属（钠、钾）的盐类（碱金属氰化物）和其他金属盐类（金属氰化物）。在碱金属氰化物的水溶液中，氰基

以 CN^- 和 HCN 分子的形式存在，而这两者之比取决于 pH 值。大多数天然水体中 HCN 占优势。在简单的金属氰化物的溶液中，氰基也可能以稳定度不等的各种金属-氰化物的络合阴离子的形式存在。

络合氰化物有多种分子式，但碱金属-金属氰化物通常用 $A_yM(CN)_x$ 来表示。式中，A 代表碱金属，M 代表重金属（低价和高价铁离子、镉、铜、镍、锌、银、钴或其他），x 代表氰基的数目，等于 y 倍 A 的价数之和。每个可溶解的碱金属-金属络合氰化物，最初离解都产生一个络合阴离子，即 $M(CN)_x^{y-}$ 根。其离解程度由几个因素而定，同时释放出 CN^-，最后形成 HCN。

HCN 对水生生物有很大毒性。锌氰、镉氰配合物在非常稀的溶液中几乎全部离解，这种溶液在天然水体正常的 pH 值下对鱼类有剧毒。虽然络合离子比 HCN 的毒性要小很多，但含有铜氰和银氰配合物阴离子的稀溶液对鱼类有剧毒性。主要是由未离解离子的毒性造成的。铁氰络合离子非常稳定，没有明显毒性，但是在稀溶液中经阳光直接照射，容易发生迅速的光解作用，产生有毒的 HCN。

在使用碱性氯化法处理含氰化合物的工业废水时，可产生氯化氰（CNCl），它是一种溶解度有限，但毒性很大的气体。其毒性超过同等浓度的氰化物。在碱性时，CNCl 水解为氰酸盐离子（CNO^-），其毒性不大。但经过酸化，CNO^- 分解为氨。分子氨和金属-氨配合物的毒性很大。

硫代氰酸盐（CNS^-）本身对水生生物没有多大毒性，但经氯化会产生有毒的 CNCl，因而需要事先测定 CNS^-。

氰化物的主要污染源是电镀、化工、选矿、炼焦、造气、化肥等工业或领域排放废水。氰化物可能以 HCN、CN^- 和络合离子的形式存在于水中。

1. 方法的选择

水中氰化物的测定方法通常有硝酸银滴定法、异烟酸-吡唑啉酮光度法、吡啶-巴比妥酸光度法和电极法。这些方法具有较大的测定范围，对低含量的水样，则可采用光度法。

2. 水样的采集和保存

采集水样后，必须立即加氢氧化钠固定，一般每升水样加入 0.5g 固体氢氧化钠。当水样酸度较高时则酌量提高固体氢氧化钠的加入量，使样品的 pH>12，并将样品储存于聚乙烯瓶中。

采来的样品应及时进行测定，否则，必须将样品存放在冷暗处，并在采样后 24h 内进行测定。

当水样中含有大量硫化物时，应先加碳酸镉（$CdCO_3$）或碳酸铅（$PbCO_3$）固体粉末，除去硫化物后，再加氢氧化钠固定；否则，在碱性条件下，氰离子和硫离子作用而形成硫氰酸离子，干扰测定。

注意，检验硫化物的方法：取一滴水样或样品，放在乙酸铅试纸上，若变黑色（硫化铅），说明有硫化物存在。水样如含氧化剂（如有效氯），则应在采样时加入相当量的亚硫酸钠溶液，以除去干扰。

一、易释放氰化物

易释放氰化物是指在 pH=4 的介质中，硝酸锌存在下，加热蒸馏，能形成氰化氢的氰化物。包括全部简单氰化物（碱金属的氰化物）和在此条件下能生成氰化氢而被蒸出的部分络合氰化物（如锌氰配合物等）。

（一）原理

向水样中加入酒石酸和硝酸锌，在 pH 值为 4 的条件下，加热蒸馏，简单氰化物和部分络合氰化物（如锌氰配合物）以氰化氢形式被蒸馏出，并用氢氧化钠溶液吸收。氰化物蒸馏装置见图 3-3。

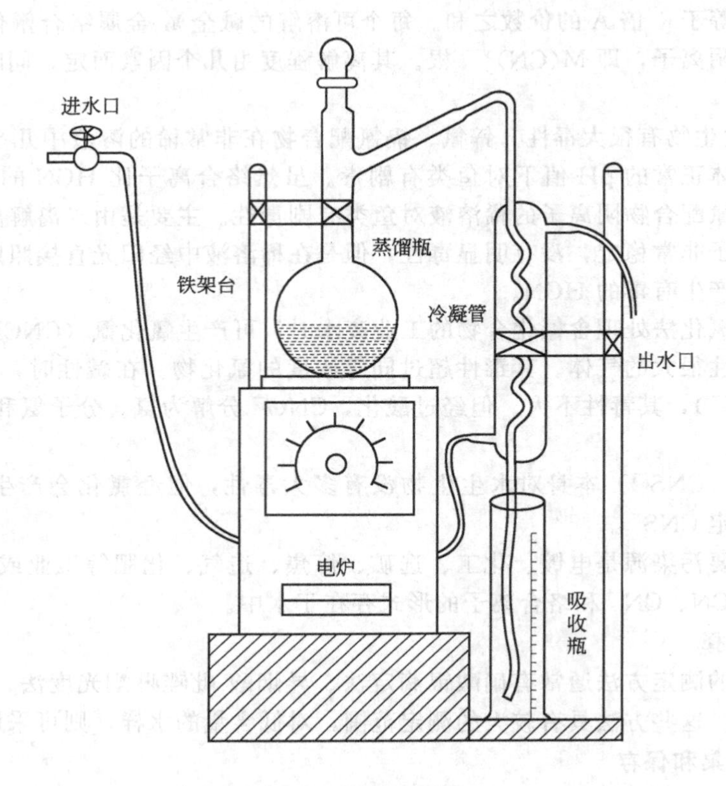

图 3-3 氰化物蒸馏装置

（二）干扰消除

（1）若样品中存在活性氯等氧化剂，由于蒸馏时氰化物会被分解，使结果偏低，干扰测定。可量取两份体积相同的样品，向其中一份样品投入淀粉-碘化钾试纸 1～3 片，加硫酸酸化，用亚硫酸钠溶液滴定至淀粉-碘化钾试纸由蓝色变至无色为止，记下用量。另一份样品不加试纸和硫酸，仅加上述同量的亚硫酸钠溶液。

（2）若样品中含有少量亚硝酸根离子，将干扰测定，可加入适量的氨基磺酸使之分解。通常每毫克亚硝酸根离子需要加 2.5mg 氨基磺酸。

（3）若样品中含有少量硫化物（S^{2-} ＜1mg/L），可在蒸馏前加入 2mL、0.02mol/L 硝酸银溶液。当大量硫化物存在时，需调节水样 pH＞11，加入碳酸镉粉末，与硫离子生成黄色硫化镉沉淀。反复操作，直至硫离子除尽（取 1 滴处理后溶液，放在乙酸铅试纸上，不再变色）。将此溶液过滤，沉淀物用 0.1mol/L 氢氧化钠溶液以倾斜法洗涤。合并滤液与洗液，供蒸馏用。要防止碳酸镉用量过多，沉淀处理时间不可超过 1h，以免沉淀物吸附氰化物或络合氰化物。

（4）其他还原性物质：取 200mL 废水样，以酚酞作指示剂，用 1∶1 乙酸中和，再加

30mL、0.03mol/L 硝酸，然后滴加[$c(1/5MnO_4)=0.1mol/L$] 高锰酸钾溶液至生成二氧化锰棕色沉淀时，过量 1mL。样品虽然蒸馏分离，但仍有无机或有机还原性物质馏出而干扰测定时，可对馏出液进行重蒸馏分离。

(5) 碳酸盐：含有高浓度碳酸盐的废水（如煤气站废水、洗气水等），在加酸蒸馏时放出大量的二氧化碳，从而影响蒸馏分离；同时，也会使吸收液中的氢氧化钠含量降低。采集此类废水后，在搅拌下，慢慢加入氢氧化钙，使其 pH 值提高到 12～12.5。沉淀后，倾出上清液备用。

(6) 少量油类对测定无影响。中性油或酸性油大于 40mg/L 时干扰测定，可加入水样体积的 20%量的正乙烷，在中性条件下短时间萃取，排除干扰。

(三) 试剂

(1) 15% (m/V) 酒石酸溶液：称取 150g 酒石酸 ($C_4H_6O_6$) 溶于水，稀释至 1000mL。

(2) 0.05% (m/V) 甲基橙指示液。

(3) 10% (m/V) 硝酸锌[$Zn(NO_3)_2 \cdot 6H_2O$]溶液。

(4) 乙酸铅试纸：称取 5g 乙酸铅[$Pb(C_2H_3O_2)_2 \cdot 3H_2O$]溶于水中，稀释至 100mL。将滤纸条浸入上述溶液中，1h 后，取出晾干，盛于广口瓶中，密塞保存。

(5) 淀粉-碘化钾试纸：称取 1.5g 可溶性淀粉，用少量水搅成糊状，加入 200mL 沸水，混匀。放冷，加 0.5g 碘化钾和 0.5g 碳酸钠，用水稀释至 250mL，将滤纸条浸渍后，取出晾干，盛于棕色瓶中密塞保存。

(6) (1∶5) 硫酸溶液。

(7) 1.26% (m/V) 亚硫酸钠溶液。

(8) 氨基磺酸。

(9) 4% (m/V) 氢氧化钠溶液。

(10) 1% (m/V) 氢氧化钠溶液。

(四) 仪器

500mL 全玻璃蒸馏器、600W 或 800W 可调电炉、100mL 量筒或容量瓶、蒸馏装置，如图 3-3 所示。

(五) 步骤

1. 氰化氢释放和吸收

(1) 按图 3-3 装置，量取 200mL 样品，移入 500mL 蒸馏瓶中（若氰化物含量较高，可酌量少取，加水稀释至 200mL)，加数粒玻璃珠。

(2) 往接收容器内加入 10mL1%氢氧化钠溶液作为吸收液。

注意：当水样在酸性蒸馏时如果有较多挥发性酸蒸出，则应增加氢氧化钠浓度。制作校准曲线时，所用碱液浓度应相同。

(3) 馏出液导管上端接冷凝管的出口，下端插入接收瓶的吸收液中，检查连接部位，使其严密。

(4) 将 10mL 硝酸锌溶液加入蒸馏瓶内，加 7～8 滴甲基橙指示液，迅速加入 5mL 酒石酸溶液，立即盖好瓶塞，使瓶内溶液保持红色。打开冷凝水，以 2～4mL/min 馏出液速度进行加热蒸馏。

(5) 接收瓶内溶液接近 100mL 时停止蒸馏，用少量水洗馏出液导管，取出接收瓶，用水稀释至标线。此碱性馏出液（A）供测定易释放氰化物用。

2. 空白试验

按"1. 氰化氢释放和吸收"步骤(1)～(5)操作，用实验用水代替样品，进行空白实验，得到空白实验馏出液（B），供测定易释放氰化物用。

取 100mL 馏出液 A（如试样中氰化物含量很高，可酌量少取，用水稀释至 100mL）于锥形瓶中。加入 0.2mL 试银灵指示液，摇匀。用硝酸银标准溶液滴定至溶液由黄色变为橙红色为止，记下读数（V_2）。

另取 100mL 空白试验馏出液 B 于锥形瓶中，按上述方法进行滴定，记下读数（V_0）。

（六）计算

$$\text{氰化物}(CN^-,mg/L)=\frac{c(V_1-V_0)\times 52.04\times \frac{V_1}{V_2}\times 1000}{V}$$

式中 c——硝酸银标准溶液浓度，mol/L；

V_0——空白试验时硝酸银标准溶液用量，mL；

V——样品体积，mL；

V_1——试样（馏出液 A）的体积，mL；

V_2——试样（测定时，所取馏出液 A）的体积，mL；

52.04——二氰离子（$2CN^-$）的摩尔质量，g/mol。

（七）注意事项

用硝酸银标准溶液滴定试样前，应以 pH 试纸检验试样的 pH 值。必要时，应加氢氧化钠溶液调节 pH>11。

二、异烟酸-吡唑啉酮光度法

（一）原理及方法和适用范围

1. 原理及方法

在中性条件下，样品中的氰化物与氯胺 T 反应生成氯仿，再与异烟酸作用，经水解后生成戊烯二醛，最后与吡唑啉酮缩合生成蓝色染料。其色度与氯化物的含量成正比，进行光度测定。

2. 适用范围

异烟酸-吡唑啉酮比色法，最低检测浓度为 0.004mg/L；测定上限为 0.25mg/L。本法适用于饮用水、地面水、生活污水和工业废水。

（二）仪器

分光光度计、25mL 具塞比色皿。

（三）试剂

(1) 2%（m/V）氢氧化钠溶液。

(2) 0.1%（m/V）氢氧化钠溶液。

(3) 磷酸盐缓冲溶液（pH＝7）：称取 34.0g 无水磷酸二氢钾（KH_2PO_4）和 35.5g 无水磷酸氢二钠（Na_2HPO_4）于烧杯内，加水溶解后，稀释至1000mL，摇匀。于冰箱中保存。

(4) 1%（m/V）氯胺T溶液：临用前，称取 0.5g 氯胺T（$C_7H_7ClNNaO_2S \cdot 3H_2O$）溶于水，并稀释至50mL，摇匀。储存于棕色瓶中。

(5) 异烟酸-吡唑啉酮溶液

① 异烟酸溶液：称取 1.5g 异烟酸（$C_6H_5NO_2$）溶于 24mL2%氢氧化钠溶液中，加水稀释至100mL。

② 吡唑啉酮溶液：称取 0.25g 吡唑啉酮[3-甲基-1-苯基-5-吡唑啉酮，$C_{10}H_{10}N_2O$]溶于 20mL N,N-二甲基甲酰胺[$HCON(CH_3)_2$]。

临用前，将吡唑啉酮溶液和异烟酸溶液按 1∶5 混合均匀。

(6) 氰化钾（KCN）储备溶液：称取 0.25g 氰化钾（**注意剧毒!**）溶于 0.1%氢氧化钠溶液中，并用 0.1%氢氧化钠溶液稀释至100mL，摇匀。避光储存于棕色瓶中。

吸取 10.00mL 氰化钾储备溶液于锥形瓶中，加入 50mL 水和 1mL 2%氢氧化钠溶液，加入 0.2mL 试银灵指示液，用硝酸银标准溶液（0.0100mol/L）滴定，溶液由黄色刚变为橙红色止，记录硝酸银标准溶液用量（V_1）。同时另取 10mL 实验用水代替氰化钾储备溶液做空白实验，记录硝酸银标准溶液用量（V_0），按下式计算：

$$\text{氰化物(mg/mL)}=\frac{c\times(V_1-V_0)\times 52.04}{10.00}$$

式中 c——硝酸银标准溶液浓度，mol/L；

V_1——滴定氰化钾储备溶液时，硝酸银标准溶液用量，mL；

V_0——空白实验硝酸银标准溶液用量，mL；

52.04——二氰离子（$2CN^-$）摩尔质量，g/mol；

10.00——取用氰化钾储备溶液体积，mL。

(7) 氰化钾标准中间溶液（1mL 含 10.00μg 氰离子）：先按下式计算出配制 500mL 氰化钾标准中间液所需氰化钾储备溶液的体积（V）：

$$V=\frac{10.00\times 500}{T\times 1000}$$

式中 10.00——1mL 氰化钾标准中间溶液含 10.00μgCN^-；

500——氰化钾标准中间溶液体积，mL；

T——1mL 氰化钾储备溶液含 CN^- 的质量，mg。

准确吸取氰化钾储备溶液［体积为 V(mL)］于 500mL 棕色瓶中，用 0.1%氢氧化钠溶液稀释至标线，摇匀。

(8) 氰化钾标准使用液（1mL 含 1.00μg 氰离子）：临用前，吸取 10.00mL 氰化钾标准中间溶液（1mL 含 10.00μgCN^-）于 100mL 棕色容量瓶中，用 0.1%氢氧化钠溶液稀释至标线，摇匀。

（四）步骤

1. 校准曲线的绘制

(1) 取 8 支 25mL 具塞比色管，分别加入氰化钾标准使用溶液 0.00mL、0.20mL、0.50mL、1.00mL、2.00mL、3.00mL、4.00mL、5.00mL，各加 0.1% 氢氧化钠溶液至10mL。

(2) 向各管中加入 5mL 磷酸盐缓冲溶液，混匀。迅速加入 0.2mL 氯胺T溶液，立即盖塞子，混匀，放置3～5min。

(3) 向管中加入5mL异烟酸-吡唑啉酮溶液，混匀。加水稀释至标线，摇匀。在25～35℃的水浴中放置40min。

(4) 用分光光度计，在638nm波长下，用10mm比色皿，零浓度空白管作参比，测量吸光度，并绘制校准曲线。

2. 样品的测定

(1) 分别吸取10.00mL馏出液A和10.00mL空白试验馏出液B于具塞比色管中，然后按校准曲线的绘制步骤（2）～（4）进行操作，测量吸光度。

(2) 从校准曲线上查出相应的氰化物含量。

（五）计算

$$氰化物(CN^-, mg/L)=\frac{m_a-m_b}{V}\times\frac{V_1}{V_2}$$

式中 m_a——从校准曲线上查出试样的氰化物含量，μg；

m_b——从校准曲线上查出空白试样（馏出液B）的氰化物含量，μg；

V——样品的体积，mL；

V_1——试样（馏出液A）的体积，mL；

V_2——试样（比色时，所取馏出液A）的体积，mL。

（六）精密度和准确度

用加标水样，其氰化物含量为0.022～0.032mg/L，经6个实验室分析，得单个实验室相对标准偏差分别为7.4%和1.8%；加标回收率为92%～99%。

（七）注意事项

(1) 当氰化物以HCN存在时，易挥发。因此，自加入缓冲液后，每一步骤都要迅速操作，并随时盖严塞子。

(2) 为降低试剂空白值，实验中以选用无色的N,N-二甲基甲酰胺为宜。

(3) 实验温度低时，磷酸盐缓冲溶液会析出结晶而改变溶液的pH值。因此，需要在水浴中使结晶溶解，混匀后，方可使用。

(4) 当吸收液用较高浓度的氢氧化钠溶液时，加缓冲液前应以酚酞为指示剂，滴加盐酸溶液至红色褪去。水样和校准曲线均应为相同的氢氧化钠浓度。

（八）思考题

(1) 国家标准中，水中氰化物的测定方法分几类？各有哪些方法？

(2) 分光光度法测定水中氰化物的影响因素有哪些？

实验十一 水体中硫化物的测定

实验目的：学习含硫化合物废水的预处理方法，对比各方法的优缺点。进一步熟练滴定操作。

地下水（特别是温泉水）及生活污水通常含有硫化物，其中一部分是在厌氧条件下，由于细菌的作用，使硫酸盐还原或由含硫有机物的分解而产生。某些如焦化、造气、选矿、造纸、印染和制革等工业废水中也含有硫化物。

水中硫化物包括溶解性的 H_2S、HS^-、S^{2-}，存在于悬浮物中的可溶性硫化物、酸可溶性金属硫化物以及未电离的有机、无机类硫化物。硫化氢易从水中逸散于空气，产生臭味，毒性很大，它可与人体内细胞色素、氧化酶及该类物质中的二硫键（—S—S—）作用，影响细胞氧化过程，造成细胞组织缺氧，危及人的生命。硫化氢除自身能腐蚀金属外，还可被污水中的生物氧化成硫酸，进而腐蚀下水道等。因此，硫化物是水体污染的一项重要指标(清洁水中硫化氢的嗅阈值为 0.035μg/L)。

本文所列方法测定的硫化物是指水和废水中溶解性的无机硫化物和酸溶性金属硫化物。

1. 方法的选择

测定上述硫化物的方法通常有亚甲基蓝比色法和碘量滴定法以及电极电位法。当水样中硫化物含量小于 1mg/L 时采用对氨基二甲苯胺光度法，样品中硫化物含量大于 1mg/L 时，采用碘量法。电极电位法具有较宽的测量范围，它可测定 10^{-6}～10mol/L 之间的硫化物。

2. 水样保存

由于硫离子很容易氧化，硫化氢易从水样中逸出。因此，在采集时应防止曝气，并加入一定量的乙酸锌溶液和适量氢氧化钠溶液，使呈碱性并生成硫化锌沉淀。通常 1L 水样中加入 2mol/L[1/2$Zn(Ac)_2$]的乙酸锌溶液 2mL，硫化物含量高时，可酌情多加直至沉淀完全为止。水样充满瓶后立即密塞保存。

一、水样的预处理

（一）预处理方法

还原性物质，例如硫代硫酸盐、亚硫酸盐和各种固体的、溶解的有机物都能与碘起反应，并能阻止亚甲基蓝和硫离子的显色反应而干扰测定；悬浮物、水样色度等也对硫化物的测定产生干扰。若水样中存在上述干扰物时，必须根据不同情况，按下述方法进行水样的预处理。

1. 乙酸锌沉淀-过滤法

当水样中只含有少量硫代硫酸盐、亚硫酸盐等干扰物时，可将现场采集并已固定的水样用中速定量滤纸或玻璃纤维滤膜进行过滤，然后按含量高低选择适当方法，直接测定沉淀中的硫化物。

2. 酸化-吹气法

若水样中存在悬浮物或浑浊度高、色度深时，可将现场采集固定后的水样加入一定量的磷酸，使水样中的硫化锌转变为硫化氢气体，利用载气将硫化氢吹出，用乙酸锌-乙酸钠溶液或 2%氢氧化钠溶液吸收后，再行测定。

预处理操作是测定硫化物的一个关键性步骤，应注意既消除干扰物的影响，又不致造成硫化物的损失。

（二）仪器

(1) 中速定量滤纸或玻璃纤维滤膜。

(2) 吹气装置。碘量法测定硫化物的吹气装置见图 3-4。光度法测定硫化物的吹气装置见图 3-5。

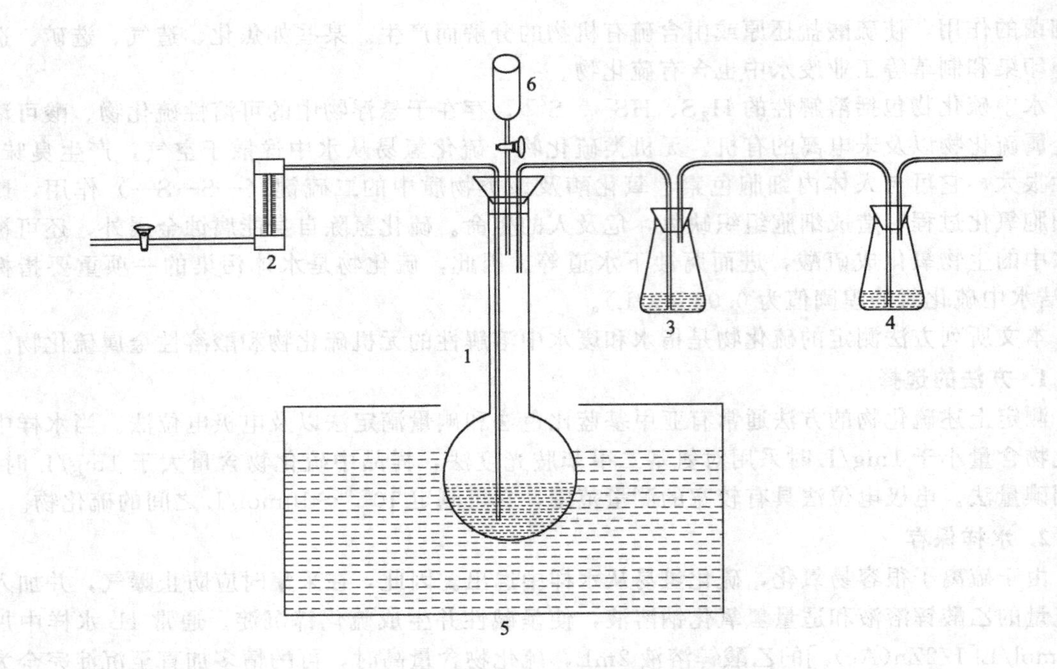

图 3-4　碘量法测定硫化物的吹气装置

1—500mL 圆底烧瓶；2—流量计；3，4—250mL 锥形瓶；5—50～60℃恒温水浴锅；6—分液漏斗

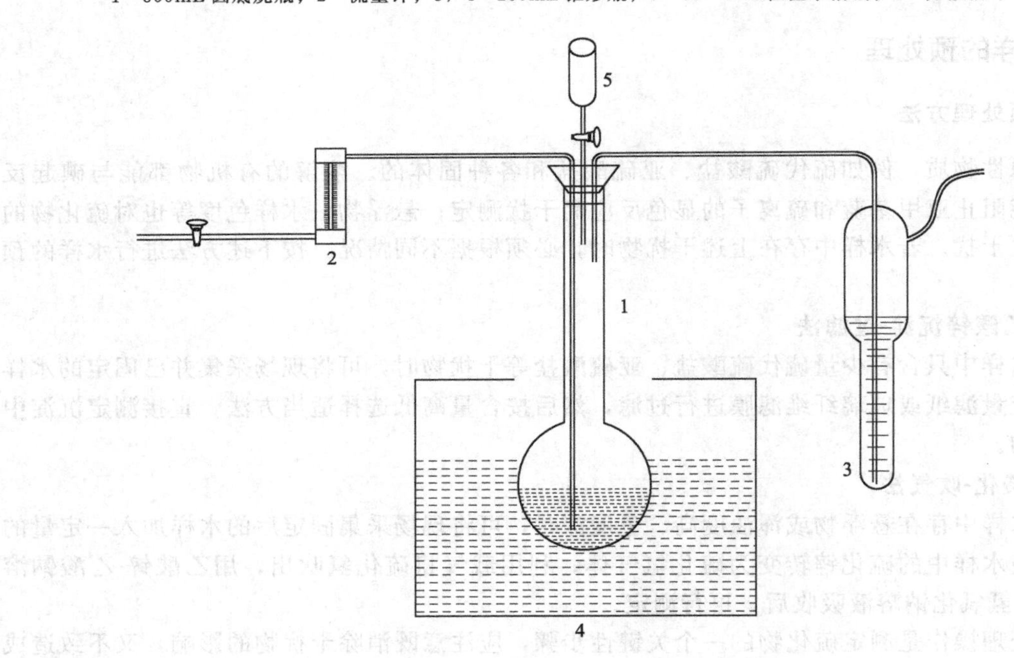

图 3-5　光度法测定硫化物的吹气装置

1—500mL 圆底烧瓶；2—流量计；3—包氏吸收管；4—50～60℃恒温水浴锅；5—分液漏斗

（三）试剂

（1）乙酸铅棉花：称取 10g 乙酸铅（化学纯）溶于 100mL 水中，将脱脂棉置于溶液中

浸泡 0.5h 后，晾干备用。

（2）1∶1 磷酸。

（3）吸收液

① 乙酸锌-乙酸钠溶液：称取 50g 乙酸锌和 12.5g 乙酸钠溶于水中，用水稀释至 1000mL。若溶液浑浊，应过滤。

② 2%氢氧化钠溶液。

以上两种吸收液可任选一种使用。

（4）载气：氮气（>99.9%）。

（四）步骤

1. 适用碘量法的吹气步骤

（1）按图 3-4 连接好吹气装置，通载气检查各部分是否漏气。完毕后，关闭气源。

（2）向吸收瓶 3、4 中各加入 50mL 水及 10mL 吸收液①或 60mL 吸收液②（不加水）。

（3）向 500mL 圆底烧杯中放入采样现场已固定并混匀的水样（硫化物含量 0.5～20mg）适量，加水至 200mL，放入水浴锅内，装好导气管和分液漏斗。开启气源，以连续冒泡的流速（由转子流量计控制流速）吹气 5～10min（驱除装置内空气，并再次检查装置的各部位是否严密），关闭气源。

（4）向分液漏斗 6 中加入 1∶1 磷酸 10mL，开启分液漏斗活塞，待磷酸全部流入烧瓶后，迅速关闭活塞。开启气源，水浴温度控制在 65～80℃，控制好载气流速，吹气 45min。将导气管及吸收瓶取下，关闭气源。按碘量法分别测定两个吸收瓶中的硫化物含量。

2. 用于光度法的吹气法

（1）按图 3-5 连接好吹气装置，通载气检查各部位是否漏气。

（2）向吸收管（包式吸收管或 50mL 比色皿）中加入 10mL 吸收液（同碘量法）。

（3）按碘量法吹气步骤（3）、（4）吹气 45min，然后将导气管取下，关闭气源。按光度法步骤测定吸收管中硫化物含量。

（五）注意事项

（1）吹气速度影响测定结果，流速不宜过快或过慢。必要时，应通过硫化物标准溶液进行回收率的测定，以确定合适的载气流速。在吹气 40min 后，流速可适当加大，以赶尽最后残留在容器中的 H_2S 气体。

（2）注意载气质量，必要时应进行空白实验和回收率测定。

（3）浸入吸收液部分的导气管壁上常常黏附一定量的硫化锌，难以用热水洗下。因此，无论用碘量法或比色法，均应进行定量反应后再取出导气管。

（4）当水样中含有硫代硫酸盐时，可产生干扰，这时应采用乙酸锌沉淀过滤-酸化-吹气法。

（5）应注意磷酸质量。当磷酸中含氧化性物质时，可使测定结果偏低。

二、碘量法

（一）概述

1. 原理

硫化物在酸性条件下与过量的碘作用，剩余的碘用硫代硫酸钠溶液滴定。由硫代硫酸钠溶液所消耗的量间接求出硫化物的含量。本方法适用于含硫化物在 1mg/L 以上废水的测定。

2. 干扰及消除

还原性或氧化性物质干扰测定。水中悬浮物或浑浊度高时，对测定可溶态硫化物有干扰。遇此情况应进行适当处理。

（二）试剂及仪器

(1) 1mol/L 乙酸锌溶液：溶解 220g 乙酸锌于水中，用水稀释至 100mL。

(2) 1%淀粉指示液：称取可溶性淀粉 1.0g，用少量水调成糊状，慢慢倒入 100mL 沸水中，继续煮沸至溶液澄清，冷却后储存于试剂瓶中。临用现配。

(3) 1∶5 硫酸。

(4) 0.05mol/L 硫代硫酸钠标准溶液：称取 12.4g 硫代硫酸钠溶于水中，稀释至 1000mL，加入 0.2g 无水硫酸钠，保存于棕色瓶中。

标定：向 250mL 碘量瓶内加入 1g 碘化钾及 50mL 水，加入重铬酸钾标准溶液 [$(1/6K_2Cr_2O_7)=0.05mol/L$] 15.00mL，加入 1∶5 硫酸 5mL，密塞混匀。于暗处静置 5min，用待标定的硫代硫酸钠滴定至溶液呈淡黄色时，加入 1mL 淀粉指示液，继续滴至蓝色刚好消失，记录标准液用量（同时做空白滴定）。硫代硫酸钠标准溶液的浓度按下式计算：

$$c(Na_2S_2O_3)=\frac{15.00}{V_1-V_2}\times 0.05$$

式中 V_1——滴定重铬酸钾标准溶液消耗硫代硫酸钠标准溶液体积，mL；

V_2——滴定空白溶液消耗硫代硫酸钠标准溶液体积，mL；

0.05——重铬酸钾标准溶液的浓度，mol/L。

(5) 250mL 碘量瓶。

(6) 中速定量滤纸或玻璃纤维滤膜。

(7) 25mL 或 50mL 滴定管（棕色）。

（三）步骤

将硫化锌连同滤纸转入 250mL 容量瓶中，用玻璃棒搅碎，加 50mL 水及 10.00mL 碘标准溶液，以及 5mL 1∶5 的硫酸溶液，密塞混匀。暗处放置 5min，用硫代硫酸钠标准溶液滴定至溶液呈淡黄色时，加入 1mL 淀粉指示液，继续滴定至蓝色刚好消失，记录用量。同时做空白试验。

水样若经酸化吹气预处理，则可在盛有吸收液的原碘量瓶中同上加入试剂进行测定。

（四）计算

$$硫化物(S^{2-},mg/L)=\frac{(V_0-V_1)c\times 16.03\times 1000}{V}$$

式中 V_0——空白试验中硫代硫酸钠标准溶液用量，mL；

V_1——水样滴定时硫代硫酸钠标准溶液用量，mL；

V——水样体积，mL；

16.03——硫离子（$1/2S^{2-}$）摩尔质量，g/mol；

c——硫代硫酸钠标准溶液浓度，mol/L。

（五）注意事项

当加入碘液和硫酸后，溶液为无色，说明硫化物含量比较高，应补加适量碘标准溶液，使之呈淡黄色止。

（六）思考题

（1）碘量法测定硫化物的原理是什么？

（2）滴定后的溶液放置 5～10min 会变成蓝色，为什么？

实验十二　水体中砷的测定

实验目的：学习有毒成分如砷化氢（AsH_3）预处理及操作方法；通过阅读文献，选择最佳分析砷的方法。

砷（As）是人体非必需元素，元素砷的毒性极低，而砷的化合物均有剧毒。三价砷化合物比其他砷化合物毒性更强。砷通过呼吸道和皮肤接触进入人体。如摄入量超过排泄量，砷就会在人体的肝、肾、肺、脾、子宫、胎盘、骨骼、肌肉等部位，特别是在毛发、指甲中蓄积，从而产生慢性砷中毒，潜伏期可长达几年甚至几十年。慢性砷中毒有消化系统症状、神经系统症状和皮肤病变等。砷还有致癌作用，能引起皮肤癌。在一般情况下，土壤、水、空气、植物和人体都含有微量的砷，对人体不会构成危害。

地面水中含砷量因水源和地理条件不同而有很大差异：淡水为 0.2～230μg/L，平均为 0.5μg/L；海水为 3.7μg/L。砷的污染主要来源于采矿、冶金、化工、化学制药、农药生产、纺织、玻璃、制革等领域或部门的工业废水。

1. 方法的选择

测定砷的两个比色法，其原理相同，具有类似的选择性。但新银盐分光光度法测定快速、灵敏度高，适合于水和废水中砷的测定，特别是天然水样，是一种值得选用的方法。而二乙氨基二硫代甲酸银光度法是一经典方法，适合分析水和废水。

2. 样品保存

样品采集后，用硫酸将样品酸化至 pH<2 保存。

一、新银盐分光光度法

（一）原理

硼氰化钾（或硼氰化钠）在酸性溶液中产生新生态的氢，将水中无机砷还原成砷化氢气体，以硝酸-硝酸银-聚乙烯醇-乙醇溶液为吸收液。砷化氢将吸收液中的银离子还原成单质胶态银，使溶液成为黄色，颜色强度与生成氰化物的量成正比。黄色溶液在 400nm 处有最大吸收，峰形对称。颜色在 2h 内无明显变化（20℃以下）。化学反应如下：

$$BH_4^- + H^+ + 3H_2O \longrightarrow 8[H] + H_3BO_3$$

$$As^{3+} + 3[H] + 3e^- \longrightarrow AsH_3\uparrow$$

$$6Ag^+ + AsH_3 + 3H_2O \longrightarrow 6Ag + H_3AsO_3 + 6H^+$$

（二）干扰及消除

本方法对砷的测定具有较好的选择性。但反应中能生成砷化氢类似化合物的其他离子有正干扰，如锑、铋、锡、锗等；能被氢还原的金属离子有负干扰，如镍、钴、铁、锰、镉等。常见阴阳离子没有干扰。

在含 2μg 砷的 250mL 试样中加入 15%（m/V）的酒石酸溶液 20mL，可消除为砷含量 800 倍的铝、锰、锌、镉，200 倍的铁，80 倍的镍、钴，30 倍的铜，2.5 倍的锡（Ⅳ），1 倍的锡（Ⅱ）的干扰。用浸渍二甲基甲酰胺（DMF）的脱脂棉可消除为砷含量 2.5 倍的锑、铋和 0.5 倍的锗干扰。用乙酸铅棉可消除硫化物的干扰。水体中含量较低的碲、硒对本法无影响。

（三）方法适用范围

取最大水样体积 250mL，本方法的检出限为 0.0004mg/L，测定上限为 0.012mg/L。本方法适用于地表水和地下水痕量砷的测定。

（四）仪器

(1) 分光光度计，1cm 比色皿。
(2) 砷化氢发生与吸收装置见图 3-6。

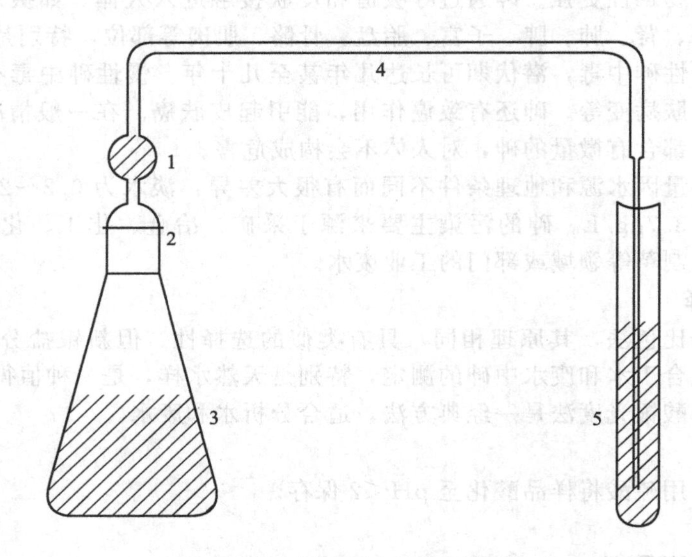

图 3-6 砷化氢发生与吸收装置
1—乙酸铅棉花；2—磨口；3—锥形瓶；4—导气管；5—吸收管

（五）试剂

本实验所用试剂均为分析纯，具体如下。
(1) 二甲基甲酰胺[$HCON(CH_3)_2$，DMF]。
(2) 乙醇胺。
(3) 无水硫酸钠（Na_2SO_4）。
(4) 硫酸氢钠。
(5) 抗坏血酸。
(6) 硫脲。
(7) 酒石酸。
(8) 硝酸银。
(9) 三氧化二砷。
(10) 硼氢化钾。

(11) 氯化钠。

(12) 无水或95%乙醇。

(13) 硝酸：ρ=1.40g/L。

(14) 盐酸：ρ=1.19g/L。

(15) 高氯酸：70%～72%。

(16) 氨水：1∶1。

(17) 硫酸：18.4mol/L。

(18) 硫酸：5mol/L。

(19) 盐酸：5mol/L。

(20) 氢氧化钠：200g/L。

(21) 碘化钾：150g/L。

(22) 乙酸铅：100g/L。

(23) 聚乙烯醇，2g/L：称0.2g聚乙烯醇（平均聚合度为1750±50）于150mL烧杯中，加100mL水。在不断搅拌下加热溶解，盖上表面皿微沸10min，冷却后，储存于玻璃瓶中，此溶液可稳定一周。

(24) 硫酸-酒石酸溶液：于400mL、0.5mol/L硫酸溶液中加入60g酒石酸，溶解后既得。

(25) 硝酸-硝酸银溶液：称2.04g硝酸银于100mL烧杯中，用少量水溶解，加5mL硝酸，用水稀释到250mL，摇匀，置于棕色瓶中。

(26) 砷化氢吸收液：取硝酸-硝酸银溶液、聚乙烯醇溶液、乙醇按照1∶1∶2的比例混合，摇匀备用，现配。如出现浑浊，放入70℃水中水浴，待透明后使用。

(27) 二甲基甲酰胺混合液（简称DMF混合液）：二甲基甲酰胺、乙醇胺，按9∶1（体积比）混合，储存于棕色瓶中，可在低温保存30天左右。

(28) 硫酸钠-硫酸氢钾混合粉：取硫酸钠和硫酸氢钾，按9∶1比例混合，并用研钵研细后使用。

(29) 乙酸铅棉的制备：将10g医用脱脂棉浸入100mL乙酸铅溶液中，半小时后取出，在室温下自然晾干，储存于广口瓶中。

(30) 硼氢化钾片的制备：硼氢化钾与氯化钠以1∶5比例混合，混匀后，以2×10^3kgf/cm^2（1kgf/cm^2=0.1MPa）的压力压成直径为1.2cm、重1.5g的片剂。

(31) 1.00mg/mL砷标准溶液：称已于110℃烘2h的三氧化二砷0.1320g，溶于2mL、200g/L氢氧化钠溶液中；加入10mL 5mol/L硫酸，转入100mL容量瓶中，用水稀释至刻度，摇匀，保存于低温下。

(32) 10.00μg/mL砷标准溶液：取1.00mL砷标准溶液（1.00mg/mL）于100mL容量瓶中，用水稀释至刻度，摇匀。

(33) 0.100μg/mL砷标准使用溶液：取1.00mL砷标准溶液（10.00μg/mL）于100mL容量瓶中用水稀释至刻度，摇匀，用时现配。

（六）注意事项

(1) 三氧化二砷为剧毒药品（俗称砒霜），用时小心。

(2) 砷化氢为剧毒气体，故在硼氰化钾（或硼氰化钠）加入溶液之前，必须检查管路是否接好，以防漏气或反应瓶盖被崩开。有条件的可放在通风柜里反应。

(3) 吸收液的配制：最好按前后顺序加入试剂，以免溶液出现浑浊。出现浑浊时，可放入热水浴（70℃左右）中，待透明后取出，冷却后装入瓶中。

(4) U 形管中填充的乙酸铅棉和脱脂棉必须松紧适当和均匀一致。加入 DMF 脱脂棉后，用洗耳球慢慢吹气约 1min，使溶液均匀分布于脱脂棉上。

(5) DMF 脱脂棉可反复使用 30 次，但如果发现空白实验值高时，即应更换。新换 DMF 脱脂棉后，在测样品之前，先用中等浓度的砷样按操作程序反应一次，以免样品测定结果偏低。

(6) 在反应时，若反应管中有泡沫产生，加入适量乙醇即可消除。

(7) 硼氰化钾片的制备：将硼氰化钾和氯化钠分别研细后，按 1∶4 的量混合。充分混匀后在医用压片机上以 3×10^3 kgf/cm^2 的压力压成直径为 1.2cm 的片剂。每片重为 1.5g±0.1g。

(8) 二甲基甲酰胺混合液可按二甲基甲酰胺、三乙醇胺、乙醇胺的体积比（5∶3∶2）进行混合而得，经有关实验比较，效果很好。

二、二乙氨基二硫代甲酸银光度法

（一）概述

1. 原理

锌与酸作用，产生新生态氢。在碘化钾和氯化亚锡存在下使五价砷还原为三价砷，三价砷被新生态氢还原成气态砷化氢（胂）。用二乙氨基二硫代甲酸银-三乙醇胺的三氯甲烷溶液吸收胂，生成红色胶体银，在波长 510nm 处测吸收液的吸光度。

2. 干扰及消除

铬、钴、铜、汞、银或铂的浓度高达 5mg/L 时也不干扰测定，只有锑和铋能生成氰化物，与吸收液作用生成红色胶体银干扰测定。按本方法加入氰化亚锡和碘化钾，可抑制 300μg 锑盐的干扰。

硫化物对测定有干扰，可通过乙酸铅棉去除。

3. 方法适用范围

取试样为 50mL，最低检出浓度为 0.007mg/L，测定上限浓度为 0.50mg/L。本方法可测定水和废水中的砷。

（二）仪器

(1) 分光光度计，1cm 比色皿。

(2) 砷化氢发生与吸收装置见图 3-6。

（三）试剂

(1) 砷标准溶液：配制方法见本实验“新银盐分光光度法”。

(2) 吸收液：将 0.25g 二乙氨基二硫代甲酸银用少量三氯甲烷调成糊状，加入 2mL 三乙醇胺，再用氯仿稀释到 100mL 用力振荡尽量溶解。静置暗处 24h 后，移出上清液或用定性滤纸过滤于棕色瓶内，储存于冰箱中。

(3) 40%（m/V）氯化亚锡溶液：将 40g 氯化亚锡（$SnCl_2\cdot2H_2O$）溶于 40mL 浓盐酸中，加热煮沸，溶液澄清后，用水稀释到 100mL。加数粒金属锡保存。

(4) 15%（m/V）碘化钾溶于水中，稀释到 100mL。储存在棕色玻璃瓶内，此溶液至少可稳定一个月。

(5) 乙酸铅棉：制备见本实验“新银盐分光光度法”。

(6) 无砷锌粒（10～20 目）。

(7) 硝酸。

(8) 硫酸。

(四)步骤

1. 试样制备

除非证明试样的清洁处理是不必要的，可直接取样进行测量；否则，应按下述步骤进行预处理。

取50mL样品或适量样品稀释到50mL（含砷量小于25μg），置于砷化氢发生瓶中，加4mL硫酸和5mL硝酸。在通风橱内消解至产生白色烟雾，如溶液仍不澄清，可再加5mL浓硝酸，继续加热至产生白色烟雾，直至溶液澄清为止（其中可能存在乳白色或淡黄色酸不溶物）。冷却后，小心加入25mL水，再加热至产生白色烟雾，驱尽硝酸。冷却后，加水使总体积为50mL，备测量用。

2. 试样的测量

(1) 显色：于上述砷化氢发生瓶加入4mL KI溶液和2mL $SnCl_2$ 溶液（未经消解的水样应先加4mL硫酸），摇匀，放置15min。

取5.0mL吸收液置于干燥的吸收管中，插入导气管。于砷化氢发生瓶中迅速加入4g无砷锌粒，并立即将导气管与发生瓶连接（保证连接处不漏气）。在室温下反应1h使胂完全释出。加氯仿将吸收液体积补足到5.0mL。

注意：砷化氢（AsH_3，胂）剧毒，整个反应应在通风橱里或通风良好的室内进行。

(2) 测量：用10mm比色皿，以氯仿为参比在510nm波长处测量吸收液的吸光度，并做空白校正。

(3) 校准曲线：于8个砷化氢发生瓶中分别加入0μg、1.00μg、2.50μg、5.00μg、10.00μg、15.00μg、20.00μg、25.00μg砷标准溶液，加水至50mL。分别加入4mL浓硫酸，以下步骤按试样的操作进行显色和测量。

(五)计算

$$砷(As, mg/L)=\frac{m}{V}$$

式中 m——由校准曲线查得的砷量，μg；

V——取样品体积，mL。

在7个实验室统一分析分发的含砷0.100mg/L的标准溶液。实验室内相对标准偏差为2%，实验室间相对标准偏差为3%，平均值的相对误差为−1%。

(六)注意事项

(1) HNO_3 浓度为0.01mol/L以上时有负干扰，故不适合作保存剂。若试样中有硝酸，分析前要加硫酸，再加热至冒白烟予以驱除。

(2) 锌粒的规格（粒度）对砷化氢的发生有影响，表面粗糙的锌粒还原效率高，规格以10～20目为宜。粒度大或表面光滑者，虽可适当增加用量或延长反应时间，但测定的重复性较差。

(3) 吸收液柱高应保持8～10cm，导气管毛细管口直径以不大于1mm为宜。因吸收液中的氯仿沸点较低，在吸收胂的过程中可挥发损失，影响胂的吸收。当室温较高时，建议将吸收管降温，并不断补加氯仿于吸收管中，使之尽可能保持一定高度的液层。

(4) 夏天高温季节，还原反应激烈，可适当减少浓硫酸的用量；或将砷化氢发生瓶放入冷水浴中，使反应缓和。

(5) 在加酸消解破坏有机物的过程中，勿使溶液变黑，否则砷可能有损失。

(6) 除硫化物的乙酸铅棉若稍有变黑，即应更换。

(7) 吸收液以吡啶为溶剂时，反应物的最大吸收峰为 530nm，但以氯仿为溶剂时，反应物的最大吸收峰则为 510nm。

(七) 思考题

(1) 两种分光光度法的检测限为多少?

(2) 为什么要先将含砷化合物全部转化为三价砷后再还原为砷化氢?

实验十三　离子选择性电极测定饮用水中氟

(一) 实验目的

(1) 学习 PHS-3 型 pH 计的使用方法。

(2) 熟练掌握用离子选择性电极测定氟的原理和方法。

(二) 实验原理

氟是人体必需的微量元素之一，缺氟易患龋齿病，饮用水中含氟（F^-）的适宜浓度为 0.5～1.0mg/L。长期饮用含氟量高于 1～1.5mg/L 的水时，则易患斑齿病，水中含氟量高于 4mg/L 时，则导致氟骨症。氟化物广泛存在于天然水体中，有色冶金、玻璃、电子、电镀、化肥、农药等工业或领域废水中常含有氟化物。

氟离子选择性电极的氟感应膜为掺铕（Ⅱ）的氟化镧单晶片（1～2mm 厚）。电极内注入一定浓度的氟化钾和氟化钠溶液（内参比），插入覆氯化银的银丝作内参比电极。其与含氟被测溶液及外参比电极如甘汞电极构成下列电池，电池组成及浓度具体参见表 3-3。

表 3-3　以银丝为参比的氟离子选择性电极示意

Ag	AgCl	Cl^-	(0.1mol/L)	LaF_3 单晶膜	预测溶液	SCE
		F^-	(0.001mol/L)	单晶片		

当 F^- 浓度为 10^{-1}～10^{-5} mol/L 时，膜电位近似与 lg（F^-）呈线性关系，电池电动势为：$E=E_0-\frac{2.303RT}{F}\lg c_{F^-}$，$E$ 与 $\lg c_{F^-}$ 成直线关系。可用高精度 pH 计或毫伏计测量一系列已知浓度氟溶液和水样的 E 值，用标准曲线法即可测定水样中的含氟量。

电极不能响应化合态（如沉淀）及络合态氟，因而高价阳离子（如 Al^{3+}、Fe^{3+} 等）干扰测定，一般加络合剂 EDTA、柠檬酸盐等掩蔽之。如果水样中含有氟硼酸盐或污染较重时，应预先进行蒸馏。

pH 值对测定有影响。pH 值低时，有 HF、HF_2^- 形成；pH 值高时 LaF_3 单晶膜微溶。综合考虑，以 pH=5～8 为宜，通常控制 pH 值在 5～6 间测定。

（三）仪器及试剂

1. 主要仪器

(1) PHS-3 型酸度计。

(2) 氟离子选择性电极（要在水中充分浸泡）。

(3) 饱和甘汞电极。

(4) 容量瓶：100mL；50mL。

(5) 吸液管：50.00mL；10.00mL；5.00mL。

2. 主要试剂

(1) 氟储备溶液（100mg/L）：准确称取 0.2210g 经干燥（150℃）后的优级氟化钠配成 1000mL 水溶液。

(2) 总离子强度调节缓冲溶液（TISAB）：向约 500mL 蒸馏水中依次加入 57mL 冰醋酸、50gNaCl 和 4.0g 环已二胺四乙酸或者 1，2-环已二胺四乙酸，搅拌助溶，边冷却边缓缓加入 100～125mL、6mol/L NaOH 溶液，调节 pH 值直至 5.5 附近。冷至室温后稀释至 1L。

(3) 水样：自配水，含 2mg/L F^- 与含氟工业废水；或用含氟牙膏预处理后的水样。

（四）实验步骤

(1) 检查仪器：电源为关；电极完好。然后接好电极（氟电极接插孔，甘汞电极接线柱）浸入水中。开启电源，预热 15min。

(2) 配制标准系列：准确吸取氟储备溶液 10.00mL，注入 100mL 容量瓶中，稀释至刻度，摇匀，得标准氟溶液（10mg/L）。

分别吸取标准氟溶液 1.00mL、3.00mL、5.00mL、10.00mL、20.00mL 至 5 只 50mL 容量瓶中，各加入 TISAB 10.00mL，稀释至刻度，备用。此时，各溶液浓度分别为：0.20mg/L；0.60mg/L；1.00mg/L；2.00mg/L；4.00mg/L。

(3) 准确吸取 10.00mL 水样，加 15.00mL TISAB 混匀，稀释至 100mL。

(4) 仪器调零校准："选择开关"拨至"0"，调节校正，使指针左满度，重复核对零点，并复核一次；若无误，调校完毕。

(5) 测量：将电极自水中取出，吸干，浸入被测溶液，搅拌、静置，待仪器读数稳后，记录读数。

按"读数"键，更换被测液，读数、记录。按由低浓度至高浓度顺序测量各份溶液，测定程序均与第一份相同，换样品时应冲净，吸干电极。

测量完毕，仪器复原。

其他注意事项：如愿意和标准溶液对照，可以再吸收 50.00mL 水样，加入 10mL 缓冲液、10mL 标准液，稀释至 100mL 摇匀。当未知样测量后测定之，然后依下式计算未知样氟含量（mg/L）。

$$[F^-]=\frac{2}{10^{\Delta E/59}-1}$$

$$\Delta E=E_1-E_2$$

式中 E_1——水样测定电位，mV；

E_2——水样＋标准测定电位，mV。

（五）实验结果与数据处理

(1) 列表表示测定结果，并计算 lg $[F^-]$。

(2) 绘制 E-lg [F^-] 图。

(3) 由曲线求出水样中氟的含量 (mg/L)。

(六) 讨论

(1) 利用 LaF_3 单晶膜氟离子选择性电极测定 F^- 的原理是什么？

(2) 试分析影响测定准确度的因素。

实验十四 水中铬的测定

实验目的：学习国家标准方法——分光光度法测定六价铬；掌握分光光度计的原理、使用方法。

原理：在酸性溶液中，Cr(Ⅵ) 离子与二苯碳酰二肼反应，生成紫红色化合物。其最大吸收波长为 540nm，一定条件下吸光度与浓度的关系符合朗伯-比尔定律。本方法的最低检出质量浓度范围是 0.004～1.0mg/L，最小检出量为 0.2μg。如果测定总铬，需先用 $KMnO_4$ 将水样中的三价铬氧化为六价，再用本法测定。

一、六价铬的测定

(一) 仪器

(1) 分光光度计，比色皿 (1cm)。

(2) 50mL 具塞比色管。

(3) 移液管。

(4) 容量瓶等。

(二) 试剂

(1) 丙酮。

(2) (1∶1) 硫酸：将浓硫酸 (AR) 缓缓加入同体积水中混匀。

(3) (1∶1) 磷酸：将浓磷酸 (AR) 与同体积水混合。

(4) 0.2% (*m*/*V*) 氢氧化钠溶液：将 0.2gNaOH (AR) 加入 100mL 水中混匀。

(5) 氢氧化锌共沉淀剂：称取硫酸锌 (AR) 8g，溶于 100mL 水中；称取 2.4g NaOH，溶于 120mL 水中。将以上两溶液混合。

(6) 4% (*m*/*V*) 高锰酸钾溶液：将 4g $KMnO_4$ (AR) 加入 100mL 水中混匀。

(7) 0.100mg/mL Cr(Ⅵ) 铬标准储备溶液：称取于 120℃ 干燥 2h 的 $K_2Cr_2O_7$ (优级纯) 0.2829g±0.0001g，用水溶解，移入 1L 容量瓶中；用水稀释至标线，摇匀。

(8) 1.00μg/mLCr(Ⅵ) 铬标准使用液：吸取 5.00mL 铬标准储备溶液于 500mL 容量瓶中，用水稀释至标线，摇匀。使用当天配制。

(9) 20% (*m*/*V*) 尿素溶液：将 20g 尿素 [$CO(NH_2)_2$] (AR) 加入 100mL 水中混匀。

(10) 2% (*m*/*V*) 亚硝酸钠溶液：将 2g 亚硝酸钠 (AR) 加入 100mL 水中混匀。

(11) 二苯碳酰二肼溶液：称取二苯碳酰二肼 (简称 DPC，$C_{13}H_{14}N_4O$) 0.2g，溶于 50mL 丙酮中，加水稀释至 100mL 摇匀，储存于棕色瓶内，置于冰箱的冷藏室中保存。颜色变深后不能再用。

(12) 分析实际水样：取自配水样［Cr(Ⅵ) 浓度在 0.7mg/L 左右］和实际环境水样(校园湖水或河水经 0.45μm 滤膜处理)，进行 Cr(Ⅵ) 测定。

(三)测定步骤

1. 水样预处理

(1) 对低色度的清洁地面水，可直接测定。

(2) 如果水样有色但不深，可进行色度校正。具体做法：另取一份试样，加入除显色剂以外的各种试剂，以 2mL 丙酮代替显色剂，用此溶液为测定试样溶液吸光度的参比溶液。

(3) 对浑浊、色度较深的水样，应加入氢氧化锌共沉淀剂，并进行过滤处理。

(4) 水样中存在次氯酸盐等氧化性物质时干扰测定，可加入还原剂尿素和亚硝酸钠消除。

(5) 水样中存在亚硫酸盐、低价铁、硫化物等还原性物质时，可将 Cr(Ⅵ) 先还原为 Cr(Ⅲ)。此时调节水样 pH 值至 8，加入显色剂溶液，放置 5min 后再酸化显色，并以同法作标准曲线。

2. 绘制标准曲线

取 9 支 50mL 比色管，依次加入 0.00mL、0.20mL、0.50mL、1.00mL、2.00mL、4.00mL、6.00mL、8.00mL 和 10.00mL 铬标准使用液，加入 1∶1 的 H_2SO_4 0.5mL 和 1∶1 的 H_3PO_4 0.5mL，摇匀。加入 2mL 显色剂溶液，摇匀。用水稀释至标线，摇匀。5～10min 后，于 540nm 波长处，用 1cm 比色皿，以空白为参比，测定吸光度。以吸光度为纵坐标，相应 Cr(Ⅵ) 含量为横坐标绘出标准曲线。

3. 水样的测定

取 2 支 50mL 比色管，分别加入适量自配水［含 Cr(Ⅵ) 低于 50μg］和预处理后的小河水水样，同标准曲线一样，加入其他试剂，用水稀释至标线，测定方法同标准曲线。进行空白校正后，根据所测吸光度从标准曲线上查得 Cr(Ⅵ) 含量。

(四)计算

$$\mathrm{Cr(mg/L)}=\frac{m}{V}$$

式中 m——从标准曲线上查得的 Cr(Ⅵ) 量，μg；

V——水样的体积，mL。

二、总铬的测定

(一)仪器

同 Cr(Ⅵ) 测定。

(二)试剂

(1) 硝酸；硫酸；三氯甲烷。

(2) 1∶1 氨水溶液。

(3) 5% (m/V) 铜铁试剂：称取铜铁试剂［$C_6H_5N(NO)ONH_4$］5g，溶于冰冷水中并稀释至 100mL。临用时现配。

(4) 其他试剂同六价铬的测定试剂 (1)、(2)、(5)～(10)。

（三）测定步骤

1. 水样预处理

（1）清洁地面水可直接用 $KMnO_4$ 氧化后测定。

（2）对含大量有机物的水样，需进行消解处理。具体操作如下。

① 取 50mL 或适量（含铬低于 50μg）水样，置于 150mL 烧杯中。

② 加入 5mL 浓 HNO_3 和 3mL 浓 H_2SO_4，加热蒸发至冒白烟。如溶液仍有色，再加入 5mL 浓 HNO_3，重复上述操作，至溶液清澈，冷却。

③用水稀释至 10mL，用氨水中和至 pH=1～2，全部转移到 50mL 容量瓶中，用水稀释至标线，摇匀，供测定。

（3）如果水样中钼、钒、铁、铜等含量较大，先用铜铁试剂-三氯甲烷萃取除去杂质离子，然后再进行消解处理。

2. 高锰酸钾氧化 Cr(Ⅲ)

取 50.0mL 或适量（铬含量低于 50μg）清洁水样或经预处理的水样（如不到 50.0mL，用水补充至 50.0mL）于 150mL 锥形瓶中，用 1∶1 $NH_3 \cdot H_2O$ 和 1∶1 H_2SO_4 溶液调至中性，加入几粒玻璃珠，加入 1∶1 H_2SO_4 和 1∶1 H_3PO_4 各 0.5mL，摇匀。加入 4%$KMnO_4$ 溶液 2 滴，如紫色消退则继续滴加 $KMnO_4$ 溶液至紫红色保持。加热煮沸至溶液剩约 20mL。冷却后，加入 1mL 20%的 $CO(NH_2)_2$ 溶液，摇匀。用滴管加 2%$NaNO_2$ 溶液，每加一滴充分摇匀，至紫色刚好消失。稍停片刻，待溶液内气泡逸尽，转移至 50mL 比色管中，稀释至标线，供测定。

标准曲线的绘制、水样的测定和计算同 Cr(Ⅵ) 的测定。

（四）注意事项

（1）用于测定铬的玻璃器皿不应用 $K_2Cr_2O_7$ 洗液洗涤，可以用 HNO_3 或洗涤剂清洗，然后水冲干净。所有玻璃仪器内壁需光洁，以免吸附铬离子。

（2）Cr(Ⅵ) 与显色剂的显色反应一般控制酸度在 0.05～0.3mol/L（1/2H_2SO_4）范围，以 0.2mol/L 时显色最好。显色前，水样应调至中性。最佳显色温度和放置时间为 15℃、5～15min。标准曲线与被测样品同时显色。

（3）如测定清洁地面水样，显色剂可按以下方法配制：溶解 0.2g 二苯碳酰二肼于 100mL 95%的乙醇中，边搅拌边加入 1∶9 硫酸 400mL。该溶液在冰箱中可存放一个月。用此显色剂，在显色时直接加入 2.5mL，不必再加酸。但加入显色剂后，要立即摇匀，以免 Cr(Ⅵ) 局部过浓，可能被乙醇还原。

（4）如果是工业或环境等实际废水，会有氧化剂、还原剂、浊度等干扰本方法测定结果。详细样品预处理方法参照国家标准《水质　总铬的测定》(GB 7466—1987)。

（五）思考题

（1）本实验的误差来源有哪些？怎样减少实验误差？

（2）如果废水中 Cr(Ⅵ) 的浓度过高或过低，应如何处理？

（3）为什么水样要和工作曲线同时配制、同时测定？

（4）分光光度法取样量大，哪几种试剂或样品必须准确量取？为什么？

实验十五　原子吸收分光光度法测定废水中锌和铜

（一）实验目的

（1）深化对原子吸收分光光度法原理的理解。

（2）掌握原子吸收分光光度计的工作原理和使用方法。

（3）掌握废水中金属元素的测定方法和步骤。

（二）实验原理

某些废水中含有各种价态的金属离子，这些含金属离子的废水进入环境后，能对水、土壤和生态环境造成污染，国家对此类废水中各类金属离子的排放浓度均有严格的限值规定。为配合环境管理时各项执法活动的开展，须对水中的各类金属离子进行准确测定。

测定水溶液中金属离子的浓度可以采用多种方法，而用火焰原子吸收分光光度法测定废水中金属离子浓度的方法具有干扰少、测定快速的特点。

水样被引入火焰原子化器后，经雾化进入空气-乙炔火焰，在适宜的条件下，锌和铜离子被原子化，成为基态原子，能吸收特征光。铜对 324.7nm 光产生共振吸收；锌对 213.8nm 光产生共振吸收，其吸光度与浓度的关系在一定的范围内遵守朗伯-比尔定律，故采用与标准系列相比较的方法可以测定两种元素在水中的含量。

（三）实验仪器和试剂

1. 实验仪器

除一般通用化学分析仪器外，还应具备：

（1）原子吸收分光光度计。

（2）锌、铜空心阴极灯。

2. 实验试剂

（1）铜储备溶液，1.0000g/L；锌储备溶液，1g/L。

（2）含锌、铜离子的水样。

（四）实验步骤

1. 仪器准备

检查仪器各部分之间的连接是否正确。将电源开关扳至“关”；装好空心阴极灯，打开计算机。

2. 制备标准系列

（1）向 2 只 100mL 容量瓶中分别移入 10.00mL 铜储备溶液，用二次水稀释至刻度，此为铜标准溶液。

（2）向 5 只 100mL 容量瓶中分别移入 1.00mL、2.00mL、3.00mL、4.00mL、5.00mL 铜标准溶液，用二次水稀释至刻度，此为铜标准系列。

（3）同步骤（1）和步骤（2）所示方法，准备锌储备溶液和标准液。

3. 实验

（1）打开排风扇、压缩空气、乙炔钢瓶。

（2）打开主机电源，蜂鸣器会连续鸣响，按主机右侧的气体控制面板“Buzzer Off”键可停止蜂鸣，待听到三声蜂鸣声后，打开工作站：①单击 L 仪器——连接，进行初始化检测。②开始漏气检查，单击主机上的“Extinguish”键。③参数设置。Cu 的参数：设定 P 参数—元素—选择元素 Cu—选择火焰法、普通灯—确定；编辑参数—光学参数：波长 324.8nm、狭缝 0.5nm、点灯方式，不校背景；燃烧器/气体流量设置——燃气流量 1.8L/min、燃烧器高度 7mm。重复测定条件，空白、标准、样品均改为 2。

(3) 按照由稀至浓的顺序分别吸喷铜标准系列溶液，每次进样前需进行空白校正，记录各标准溶液的吸光度值。

(4) 测定含 Cu 水样，记录其吸光度值。

(5) 更换锌空心阴极灯，按照 (1)～(4) 测定铜的步骤，在 213.8nm 波长下测定锌的标准溶液并作出标准曲线。在同样工作条件下测定含锌铜水样，记录其吸光度值。

(6) 关闭乙炔气开关，再关闭空气压缩机，然后按“Purge”键放空仪器气路中的残余气体，关闭主机电源、工作站。

(五) 实验结果与数据处理

用标准工作曲线法求废水样中的铜含量。

(六) 讨论

(1) 简述原子吸收分光光度分析法的原理和分析过程。

(2) 从光、气、电三方面分析影响测定准确度的因素。

实验十六　固相微萃取技术测定废水中苯系物及室内 VOCs 采集实验

本实验是在上海交通大学贾金平课题组在 2000 年～2006 年间完成的 973 国家科技攻关项目 (96－A23-01-07)、上海市自然基金（活性炭纤维型固相微萃取器的新技术研究，项目编号：01ZG14039）和国家 863 计划（活性炭纤维吸附型固相微萃取新方法研究，2002AA649030）的基础上，为本科生开设的探索性设计实验。本实验在完成国家基金项目的同时，成功开发研制出具有自主知识产权的活性炭纤维型固相微萃取器，建立了活性炭纤维-固相微萃取技术用于环境样品的测定方法。例如，酱油中的苯甲酸、水中的多氯联苯、烧烤中的多环芳烃等；同时，还发展了循环冷凝-固相微萃取法。

本实验旨在将更新的科研成果转化为本科生的教学内容，使学生了解样品前处理的一种新技术、新思路，从而开阔视野。2007 年美国环境保护署（EPA）已经将固相微萃取 (SPME) 技术纳入标准。但至今我国的这个技术还停留在科研使用阶段。因此在有条件的前提下，有必要让我们的学生了解、使用新的技术。

(一) 实验目的

(1) 了解传统环境样品中有机物的预处理方法。

(2) 了解固相微萃取-气相色谱法测定废水中的苯系物采样原理和测定方法。

(3) 了解固相微萃取 GC/MS 法用于室内可挥发有机物测定的采集原理和测定方法。

(4) 通过查阅文献，了解固相微萃取法的更新应用研究和发展趋势。

(二) 原理

固相微萃取（solid phase micro-extraction，SPME）法主要针对有机物进行分析，是 20

世纪 90 年代发展的一种集萃取、浓缩、进样于一体的样品前处理新方法。其基本原理是采用熔融石英光导纤维或其他材料为支持物，在其表面涂渍聚丙烯酸酯等固相涂层材料。当它浸于样品中或放置于样品的顶空时，样品中的有机物通过扩散原理被吸附在 SPME 纤维头上。当吸附达到平衡后，将石英纤维插入气相色谱仪的进样口处，然后通过加热将吸附在纤维头上的被测组分解吸，随着载气流入色谱柱进行分离及测定。

如水样的体积远大于固定相的体积，当萃取瓶中待测物在液-固相（浸入法采样）或气-固相（顶空法采样）达到分配或萃取平衡时，在纤维上的固定相所吸附的量与待测物在水中的初始浓度成正比，这就是 SPME 法定量分析待测物的理论基础。

1. SPME 萃取器介绍

SPME 萃取器由手柄和萃取头两部分构成，状似一支色谱注射器。萃取头是一根涂不同色谱固定相或吸附剂的熔融石英纤维，接不锈钢丝，外套细的不锈钢针管（保护石英纤维不被折断及进样），纤维头可在针管内伸缩，手柄用于安装萃取头（图 3-7）。

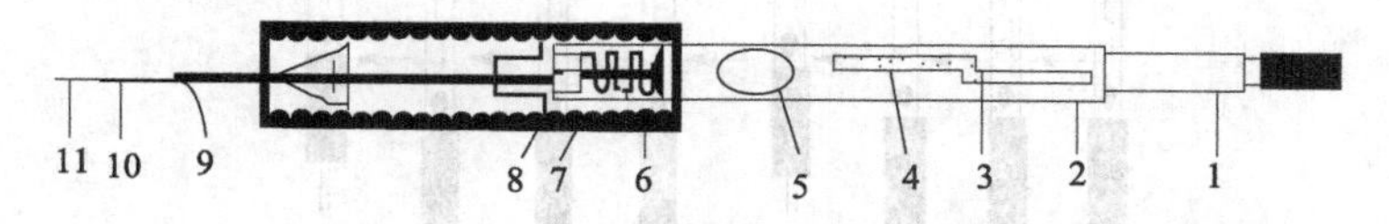

图 3-7　固相微萃取装置示意

1—压杆；2—简体；3—压杆卡持螺钉；4—Z 形槽；5—简体视窗；6—调节针头长度的定位器；7—拉伸弹簧；8—密封隔膜；9—穿透色谱进样垫用不锈钢针管；10—纤维连接管；11—吸附用纤维

萃取头一般为长 1.0cm、涂有不同固相涂层的熔融石英纤维或直接使用具有吸附能力的活性炭纤维。纤维一端与不锈钢内芯相连，外套不锈钢针管（以保护纤维不被折断）。手柄用于安装和固定萃取头，通过手柄的推动，萃取头可伸出不锈钢针管，再通过手柄的旋转可将萃取头固定于不锈钢针管外，而后即可进行萃取工作。待萃取完成后再通过手柄的旋转和回缩，将萃取头缩回至不锈钢针管内。

2. 萃取纤维

目前已有的萃取纤维多为涂有气相色谱固定液涂层的石英纤维，使用较多的涂层是非极性的聚二甲基硅氧烷和极性的聚丙烯酸酯及聚乙二醇。现有涂层不能被加热到 300℃以上，这就限制了解吸温度范围；改造萃取纤维——活性炭纤维（activated carbon fiber，ACF）具有吸附量大、广谱性、耐热性的优势，可被加热至 350℃以上。固相微萃取基本原理如下。

当 PA（聚丙烯酸酯）纤维浸入含有苯和甲苯的溶液中时，将会吸附溶液中的苯和甲苯分子。若对溶液实行适当搅拌，破坏纤维表面的静止水膜，使其与溶液充分接触，则当达到吸附平衡时，其吸附量满足固液两相动态分配平衡。

在固定的温度条件下，当吸附达到平衡时，纤维表面上的吸附量（G）与溶液中溶质平衡浓度（c）之间的关系可用吸附等温线来表达。吸附等温线在一定程度上反映吸附剂与吸附物的特性，其形式在许多情况下与实验所用溶质浓度区段有关。本实验溶质浓度为 mg/L 级别，吸附等温线为 Henry 型：

$$G=kc$$

式中，k 为分配系数，温度固定时为常数；c 为溶液中溶质平衡浓度。

由上式可以看出，在本实验溶质浓度条件下，纤维吸附量与溶质平衡浓度成正比关系。因此，通过气相色谱仪分析测得萃取纤维上的苯和甲苯吸附量，则可求得原溶液中的苯和甲苯浓度。

SPME 法根据采用萃取方式的不同，其装置的使用方法也略有不同。萃取采样分为顶空萃取法和直接浸入法。顶空法指萃取纤维处于溶液上方，即萃取瓶的空气中。被萃取成分从溶液挥发至气相中，被萃取纤维吸附。当液-气、气-固达到平衡时，即完成萃取过程。顶空萃取法适合于易挥发、溶液复杂、易污染纤维样品的采集。直接浸入法是把萃取纤维插入液面里，被萃取物直接在液-固之间发生转移，当达到平衡时，完成采样过程。直接浸入法适合样品干净、较难挥发的样品采集。现以直接浸入法-固相微萃取过程为例，介绍 SPME 装置的使用方法。直接浸入法-固相微萃取过程包括萃取和解吸两步。

SPME 装置直接浸入法-固相微萃取和解吸过程如图 3-8 所示。

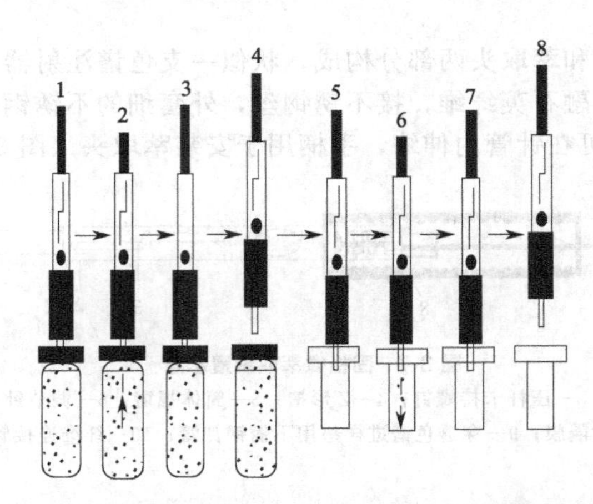

(a)SPME萃取过程　(b)SPME在GC进样口解吸过程

图 3-8　SPME 装置直接浸入法-固相微萃取和解吸过程

1—刺穿样品瓶盖；2—暴露出纤维/萃取；3—缩回纤维；4—拔出萃取器；5—插入 GC 气化室；6—暴露出纤维/解吸；7—缩回纤维；8—拔出萃取器

3. GC 工作原理

在色谱法中，将填入玻璃管或不锈钢管内静止不动的一相（固体或液体）称为固定相；自上而下运动的一相（一般是气体）称为流动相；装有固定相的管子（玻璃管或不锈钢管）称为色谱柱。当流动相中样品混合物经过固定相时，就会与固定相发生作用。由于各组分在性质和结构上的差异，与固定相相互作用的类型、强弱也有差异，因此在同一推动力的作用下，不同组分在固定相滞留时间长短不同，从而按先后不同的次序从固定相中流出。用标准样品的保留时间定性，峰面积定量。

采用气体作为流动相的色谱法称为气相色谱法。气相色谱法用于分离分析样品的基本过程如图 3-9 所示。由高压钢瓶 1 供给的流动相，又称载气，经减压阀 2、净化器 3、流量调节器 4 和转子流速计 5 后，以稳定的压力恒定的流速连续流过气化室 6、色谱柱 7、检测器 8，最后放空。气化室与进样口相接，它的作用是将从进样口注入的液体试样瞬间气化为蒸气，以便随载气带入色谱柱中进行分离。分离后的样品随载气依次带入检测器，检测器将组分的浓度（或质量）变化转化为电信号，电信号经放大后，由记录仪记录下来，即得色谱图。

室内空气会受到装修材料和家具释放的有机溶剂等影响。其中，以胶水中的甲醛和涂料中的溶剂（苯系物）为主，烹饪产生的油烟也属于可挥发有机物。这些污染物都可以用 SPME 法吸附采样。根据 GC/MS 仪器中已有的谱库，可以定性分析污染物的种类。SPME 技术适合于可挥发、半挥发有机物的快速监测，尤其适合于大气污染的应急监测。

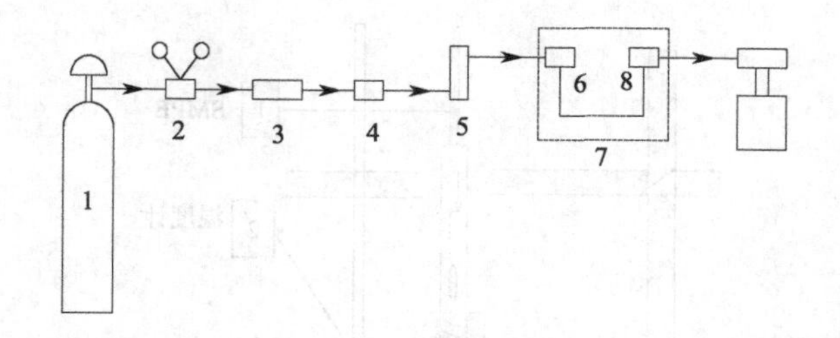

图 3-9　气相色谱法用于分离分析样品的基本过程

1—高压钢瓶；2—减压阀；3—净化器；4—流量调节器；5—转子流速计；6—气化室；7—色谱柱；8—检测器

（三）仪器与试剂

GC 或 GC/MS，40mL SPME 萃取瓶；PE（聚乙烯）萃取头或活性炭纤维萃取头；磁力搅拌器；磁子；烧杯；铁架台（铁圈）；温度计；秒表。

色谱标准物：苯、甲苯或对二甲苯，均为分析纯或色谱纯。

标准储备溶液：苯、甲苯或对二甲苯均配成 2mg/L。

混合标准工作液：取适量各种标准储备溶液，用水稀释成浓度均为 10μg/L 的混合液。

（四）步骤

1. 水样监测

(1) 水样采集及储存方法。用玻璃磨口瓶采集样品，在采样前用水样将取样瓶冲洗 2～3 次。可在 4℃冷藏箱中保存不大于 3d。

(2) 气相色谱仪的调整（做实验时，根据使用的不同型号色谱仪，仪器的工作条件做相应调整）。以下是建议工作条件：实际工作时，要根据不同仪器、不同色谱柱等实验室可以提供的色谱仪器进行预实验而定，进行如下相应调整：气化室温度 240℃；柱箱温度 170℃；检测器温度 230℃；载气流速 60mL/min；氢气流速为恒流 1mL/min。

(3) 固相微萃取操作方法。萃取纤维的老化：将一支待用的萃取纤维插入色谱进样口，温度 300℃，100％分流，不流经色谱样。20min 后，取出备用。

① 取 15mL 混合标准工作液放入 40mL 萃取瓶中，加上聚四氟乙烯密封圈，如图 3-10 所示。

② 然后将老化后的固相微萃取器的萃取纤维连同外保护管一同插入取样瓶的上部，如图 3-8（a）所示；移动手柄推出萃取纤维，并保持萃取纤维在溶液的上空，如图 3-8（a）2 所示。顶空萃取时间为 10min，萃取温度为 60℃。

③ 萃取结束后，将萃取纤维旋进不锈钢保护管内，如图 3-8（a）3 所示；并移出萃取瓶，如图 3-8（a）4 所示。

④ 解吸时将固相微萃取探头直接插入气相色谱的进样口中，如图 3-8（b）5 所示，立即旋出 ACF 萃取纤维，如图 3-8（b）6 所示；在 240℃的高温下解吸 1min，待解吸结束后，将萃取纤维旋进不锈钢保护管内，如图 3-8（b）7 所示；移出固相微萃取探头，如图 3-8（b）8 所示。完成一次采样、取样和解吸过程，得到色谱图。

⑤ 对废水水样重复上述② ～④ 步骤。

2. 室内空气监测

(1) 将待测房间关门、关窗平衡 24h。

(2) 将老化后的萃取纤维放到室内，纤维从保护管中探出开始采样，中间不要有扰动。

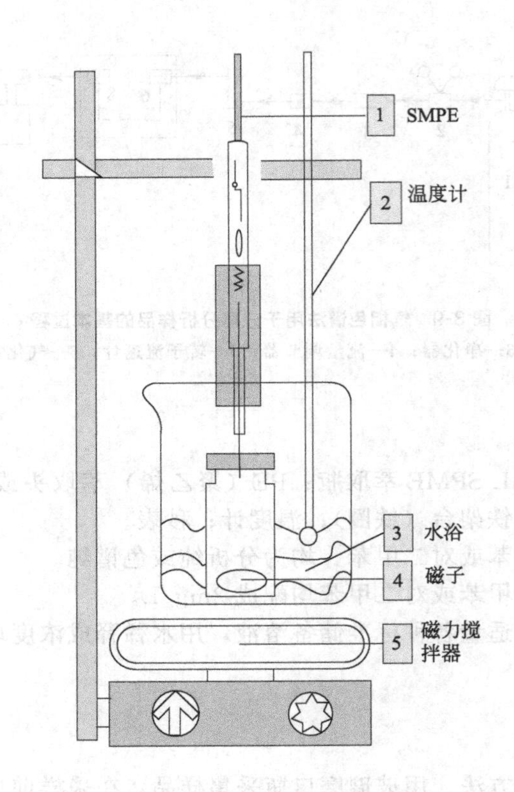

图 3-10 SPME 法萃取装置

放置不少于 50min 后，将纤维收进保护管里，带回实验室进行 GC/MS 色谱分析。

（五）计算

水样中各有机成分按下式计算：

$$X_i = \frac{A_i}{A_E} \times E_i$$

式中 X_i——试样中组分 i 的含量，μg/L；

A_i——试样中组分 i 的峰高，cm；

A_E——标准溶液中组分 i 的峰高，cm；

E_i——标准样品中组分 i 的含量，μg/L。

（六）注意事项

（1）混合标准工作液与水样的分析条件应保持一致。

（2）无论哪种类型的萃取纤维都容易折断，在操作时一定要按照图 3-8 的顺序进行！

（七）思考题

（1）SPME 相对于液-液萃取、固相萃取技术有何优势？

（2）对 SPME 技术的影响因素有哪些？

（3）SPME 技术的萃取方法有几种？分别适合在什么情况下使用？

第四章

空气、土壤及其他介质监测实验

实验十七　大气中 TSP 及 $PM_{2.5}/PM_{10}$ 的测定（重量法）

（一）实验目的

（1）学习大气采样器及切割头的使用方法，根据环境及天气特点，优化采样点及采样时间。

（2）探寻影响大气质量的原因。

（二）原理

使一定体积的空气通过已恒重的滤膜，大气中总悬浮颗粒物（TSP，粒径 0.1～100μm）即被阻留在滤膜上。根据采样前、后滤膜质量之差及采样体积，即可计算总悬浮颗粒物的浓度。滤膜经处理后，可进行组分分析。增加 $PM_{2.5}/PM_{10}$ 切割头后，就可以采集 $PM_{2.5}/PM_{10}$ 颗粒物。

采样流量为 1.1～1.7m^3/min，采样时间为 4～24h，检测限为 1$\mu g/cm^3$。

（三）仪器与设备和实验方法

1. 大流量采样器

（1）滤膜夹：固定滤膜用。滤膜夹上有不锈钢丝网二层（上层 226 目，下层 6 目），为支承滤膜用。滤膜夹可装面积为 20cm×25cm 的采样滤膜，滤膜的有效过滤面积为 18cm×23cm。

（2）采样动力：以装在圆筒中的大容量涡流风机为采样动力。

（3）定时控制器、流量控制器、流量记录器、切割头（采集 $PM_{2.5}/PM_{10}$）。

2. 流量校准装置

使用 1341 型便携式电子流量计校准采样流量。

3. 样品的测定

（1）将采样后的滤膜放在平衡室中平衡 24h，然后称重。称量要迅速，30s 内称完。然后将滤膜放回原盒中，以备日后分析总悬浮物颗粒物中的化学及生物成分用。

（2）如果采集 PM_{10}，则将 PM_{10} 切割头置于滤膜上方。注意按说明书在冲击板上均匀涂抹一层凡士林。

（3）如果采集 $PM_{2.5}$，则在 PM_{10} 切割头和滤膜之间再增加 $PM_{2.5}$ 切割头；同时，还要在冲击板上均匀涂抹一层凡士林。

(4) 采样时间根据当天大气污染状况而定。如果刚下完雨，时间一般大于 12h。

4. 计算

以 TSP 为例：

$$TSP(mg/m^3)=\frac{(W_2-W_1)\times 1000}{V_r}$$

式中 W_1——空白滤膜质量，g；

W_2——样品和滤膜质量，g；

V_r——换算为参比状态下的采样体积，m^3。

注意事项如下：

(1) 大气采样器说明书见附录一。

(2) 根据人口分布特点、地形分布及车流量等实际情况，确定采样点及采样时间。

(3) 注意采样期间天气情况，下雨时应停止采样。

(四) 思考题

(1) 采样前，滤膜为什么要在平衡室中平衡 24h？为什么不采用烘箱干燥？

(2) TSP 和 PM_{10} 哪个更有意义？

(3) 大气采样有什么环境要求？

(4) 本实验是采集 TSP，接下来的工作还可以有哪些？

(5) 在本实验中，电子天平的精度为多少比较合适？

实验十八 TSP/$PM_{2.5}$/PM_{10} 颗粒物金属及微生物成分分析

(一) 实验目的

(1) 本实验是综合实验。在已有微生物实验技能的基础上，复习培养基的配制原理；掌握配制培养基的一般方法和步骤；了解常见灭菌、消毒基本原理及方法；掌握高压蒸汽灭菌操作方法。

(2) 查阅文献，设计 TSP/$PM_{2.5}$/PM_{10} 采样后颗粒物接种方法及培养温度等实验方案。

(3) 查阅文献，了解 TSP/$PM_{2.5}$/PM_{10} 颗粒物（类似于土壤）的消解方法，根据现有消解仪器（微波消解仪或全自动石墨消解仪）和分析测试仪（原子吸收仪、等离子发射光谱仪、分光光度法等），设计预处理方案及分析测试方案。

将实验十七采得的颗粒物进行分析，分为生物成分分析和金属成分分析两部分。当然如果同学们有兴趣，也可以做颗粒物中可溶盐成分分析。这些内容，在 TSP/$PM_{2.5}$/PM_{10} 溯源过程中都是需要的。实验具体内容和设计方案可以由同学们自己查阅文献确定，在此只给出一个大概案例。

(二) 微生物成分分析

1. 微生物培养实验原理

培养基是人工按一定比例配制的供微生物生长繁殖和合成代谢产物所需要的营养物质的混合物。培养基的原材料可分为碳源、氮源、无机盐、生长因素和水。根据微生物的种类和实验目的不同，培养基也有不同的种类和配制方法。

牛肉膏蛋白胨培养基是一种应用广泛和普通的细菌基础培养基，有时又称为普通培养基。由于这种培养基中含有一般细胞生长繁殖所需要的最基本的营养物质，所以可供细菌生长繁殖之用。

高压蒸汽灭菌方法主要是通过升温使蛋白质变性，从而达到杀死微生物的效果。将灭菌的物品放在一个密闭和加压的灭菌锅内，通过加热，使灭菌锅内水沸腾而产生蒸汽。待蒸汽将锅内冷空气从排气阀中驱尽，关闭排气阀继续加热。此时蒸汽不溢出，压力增大，沸点升高，获得高于100℃的温度，导致菌体蛋白凝固变性，从而达到灭菌的目的。

平板划线接种法（分离培养法）是将细菌分离培养的常用技术，其目的是将混有多种细菌的培养物，或标本中不同的细菌（病原菌与非病原菌）使其分散生长，形成单个菌落或分离出单一菌株，便于识别、鉴定。平板划线接种方法较多，其中以分段划线法与曲线划线法较为常用。

2. 实验材料

（1）药品：牛肉膏、蛋白胨、NaCl、琼脂、1mol/L的NaOH和HCl溶液。

（2）仪器及玻璃器皿：天平、高压蒸汽灭菌锅、移液管、试管、烧杯、量筒、三角瓶、培养皿、玻璃漏斗等。

（3）其他物品：药匙、称量纸、pH试纸、记号笔、棉花等。

注意：所用接种器皿（培养皿、移液枪枪头）、培养基、蒸馏水等都必须灭菌！

3. 操作步骤

（1）玻璃器皿的洗涤和包装

① 玻璃器皿的洗涤。玻璃器皿在使用前必须洗刷干净。将三角瓶、试管、培养皿、量筒等浸入含有洗涤剂的水中。用毛刷刷洗，然后用自来水及蒸馏水冲净。移液管先用含有洗涤剂的水浸泡，再用自来水及蒸馏水冲洗。洗刷干净的玻璃器皿置于烘箱中烘干后备用。

② 灭菌前玻璃器皿的包装。

（2）培养皿的包扎。培养皿由一盖一底组成一套，可用报纸将几套培养皿包成一包，或者将几套培养皿直接置于特制的铁皮圆筒内，加盖灭菌。包装后的培养皿须经灭菌之后才能使用。

（3）移液管的包扎。在移液管的上端塞入一小段棉花（勿用脱脂棉），它的作用是避免外界及口中杂菌进入管内，并防止菌液等吸入口中。塞入此小段棉花应距管口约0.5cm，棉花自身长度约1～1.5cm。塞棉花时，可用一外围拉直的曲别针将少许棉花塞入管口内。棉花要塞得松紧适宜，吹时以能通气而又不使棉花滑下为准。

先将报纸裁成宽约5cm的长纸条，然后将已塞好棉花的移液管尖端放在长条报纸的一端，约成45°角，折叠纸条包住尖端。用左手握住移液管身，右手将移液管压紧。在桌面上向前搓转，以螺旋式包扎起来。上端剩余纸条折叠打结，准备灭菌。

4. 液体及固体培养基的配制过程

（1）液体培养基配制

① 称量（假定配制1000mL培养基）。按培养基配方比例依次准确地称取3.0g牛肉膏、10.0g蛋白胨、5.0gNaCl放入烧杯（或1000mL刻度搪瓷杯）中。牛肉膏常用玻璃棒挑取，放在小烧杯或表面皿中称量，用热水溶化后倒入烧杯中。

② 溶化。在上述烧杯中先加入少于所需要的水量（如约700mL），用玻璃棒搅匀，然后在石棉网上加热使其溶解，将药品完全溶解后，补充水到所需的总体积（1000mL）；配制固体培养基时将称好的琼脂放入已溶的药品中，再加热溶化，最后补足损失的水分。

③ 调整 pH 值。一般用 pH 试纸测定培养基的 pH 值。用剪刀剪出一小段 pH 试纸，然后用镊子夹取此段 pH 试纸，在培养基中蘸一下，观看其 pH 值范围。培养基偏酸或偏碱时，可用 1mol/L NaOH 或 1mol/L HCl 溶液进行调整。调整 pH 值时，应逐滴加入 NaOH 或 HCl 溶液，防止局部过酸或过碱，破坏培养基中成分。边加边搅拌，并不时用 pH 试纸测试，直至 pH 值达 7.4～7.6。反之，用 1mol/L HCl 进行调节。

(2) 固体培养基的配制。配制固体培养基时，应将已配好的液体培养基加热煮沸，再将称好的琼脂（1.5%～2%）加入，并用玻璃棒不断搅拌，以免糊底烧焦。继续加热至琼脂全部熔化，最后补足因蒸发而失去的水分。

5. 培养基的分装

根据不同需要，可将已配好的培养基分装入试管或三角瓶内，分装时注意不要使培养基沾污管口或瓶口，造成污染。如操作不小心，培养基沾污管口或瓶口时，可用镊子夹一小块脱脂棉，擦去管口或瓶口的培养基，并将脱脂棉弃去。

(1) 试管的分装。取一个玻璃漏斗，装在铁架上，漏斗下连一根橡皮管，橡皮管下端再与另一玻璃管相接，橡皮管的中部加一弹簧夹。分装时，用左手拿住空试管中部，并将漏斗下的玻璃管嘴插入试管内，以右手拇指及食指开放弹簧夹，中指及无名指夹住玻璃管嘴，使培养基直接流入试管内。装入试管培养基的量视试管大小及需要而定，所用试管大小为 15mm×150mm 时，液体培养基分装至试管高度 1/4 左右为宜；分装固体或半固体培养基时，在琼脂完全熔化后，应趁热分装于试管中。用于制作斜面的固体培养基的分装量为管高的 1/5（约 3～4mL），半固体培养基分装量为管高的 1/3 为宜。

(2) 三角瓶的分装。用于振荡培养微生物时，可在 250mL 三角瓶中加入 50mL 的液体培养基；用于制作平板培养基时，可在 250mL 三角瓶中加入 150mL 培养基，然后再加入 3g 琼脂粉（按 2%计算），灭菌时瓶中琼脂粉同时被熔化。

6. 棉塞的制作及试管、三角瓶的包扎

为了培养好气微生物，需提供优良的通气条件；同时，为防止杂菌污染，则必须对通入试管或三角瓶内的空气预先进行过滤除菌。通常方法是在试管及三角瓶口加上棉花塞等。

(1) 试管棉塞的制作。制棉塞时，应选用大小、厚薄适中的普通棉花一块，铺展于左手拇指和食指扣成的团孔上，用右手食指将棉花从中央压入团孔中制成棉塞，然后直接压入试管或三角瓶口。也可借用玻璃棒塞入，或用折叠卷塞法制作棉塞。制作的棉塞应紧贴管壁，不留缝隙，以防外界微生物沿缝隙侵入，棉塞不宜过紧或过松，塞好后以手提棉塞，试管不下落为准。棉塞的 2/3 在试管内，1/3 在试管外。目前也有采用硅胶塞代替棉塞直接盖在试管口上。将装好培养基并塞好棉塞或硅胶塞的试管捆成一捆，外面包上一层牛皮纸。

用记号笔注明培养基名称及配制日期，灭菌待用。

(2) 三角瓶棉塞制作。通常在棉塞外包上一层纱布，再塞在瓶口上。有时为了进行液体振荡培养加大通气量，则可用八层纱布代替棉塞包在瓶口上，目前也有采用硅胶塞直接盖在瓶口上。在装好培养基并塞好棉塞或包扎八层纱布或盖好硅胶塞的三角瓶口上再包上一层牛皮纸，并用线绳捆好，灭菌待用。

7. 培养基的灭菌

将上述培养基以 0.103MPa、121℃、20min 高压蒸汽灭菌。

灭菌过程如下。

(1) 加水：首先将内层锅取出，再向外层锅内加入适量的水，使水面没过加热蛇管，与三角搁架相平为宜。切勿忘记检查水位，加水量过少，灭菌锅会发生烧干引起炸裂事故。

(2) 装料：放回内层锅，并装入待灭菌的物品。注意不要装得太挤，以免妨碍蒸汽流通而影响灭菌效果。装有培养基的容器放置时要防止液体溢出，三角瓶与试管口端均不要与桶壁接触，以免冷凝水淋湿包扎的纸而透入棉塞。

(3) 加盖：将盖上与排气孔相连的排气软管插入内层锅的排气槽内，摆正锅盖，对齐螺口；然后以对称方式同时旋紧相对的两个螺栓，使螺栓松紧一致，勿使之漏气，并打开排气阀。

(4) 排气：打开电源加热灭菌锅，将水煮沸，使锅内的冷空气和水蒸气一起从排气孔中排出。一般认为当排出的气流很强并有嘘声时，表明锅内的空气已排尽，沸腾后约需 5min。

(5) 升压：冷空气完全排尽后，关闭排气阀，继续加热，锅内压力开始上升。

(6) 保压：当压力表指针达到所需压力时，控制电源，开始计时并维持压力至所需时间。本实验中采用 0.1MPa、121.5℃、20min 灭菌。灭菌的主要因素是温度而不是压力，因此锅内的冷空气必须完全排尽后，才能关闭排气阀，维持所需压力。

(7) 降压：达到灭菌所需的时间后，切断电源，让灭菌锅温度自然下降。当压力表的压力降至“0”后，方可打开排气阀，排尽余下的蒸汽，旋松螺栓，打开锅盖，取出灭菌物品，倒掉锅内剩水。压力一定要降到“0”后才能打开排气阀，开盖、取物。否则就会因锅内压力突然下降，使容器内的培养基或试剂由于内外压力不平衡而冲出容器口，造成瓶口被污染，甚至灼伤操作者。

8. 斜面和平板的制作

(1) 斜面的制作。将已灭菌装有琼脂培养基的试管趁热置于木棒或玻璃棒上，使之成适当斜度，凝固后即成斜面。斜面长度不超过试管长度 1/2 为宜。制作半固体或固体深层培养基时，灭菌后则应垂直放置至凝固。

(2) 平板的制作。将装在三角瓶或试管中已灭菌的琼脂培养基熔化后，待冷至 50℃左右倾入无菌培养皿中。温度过高时，皿盖上的冷凝水太多；温度低于 50℃时，培养基易于凝固而无法制作平板。平板的制作应在火旁进行，左手拿培养皿，右手拿三角瓶的底部或试管，左手同时用小指和手掌将棉塞打开，灼烧瓶口，用左手大拇指将培养皿盖打开一缝，至瓶口正好伸入。倾入 10～15mL 培养基，迅速盖好皿盖，置于桌上，轻轻旋转平皿，使培养基均匀分布于整个平皿中，冷凝后即成平板。

9. 培养基的灭菌检查

灭菌后的培养基一般需进行无菌检查。最好取出 1～2 管（瓶），置于 37℃温箱中培养 1～2d，确定无菌后方可使用。

10. TSP/$PM_{2.5}$/PM_{10} 颗粒物中微生物接种步骤如下。

(1) 按照每个培养皿里加 15～20mL，一组 3～6 个培养皿准备培养基，配培养液。

(2) 灭菌：蒸馏水、培养基、培养皿（33～60 个）、枪头、塑料离心管（稀释用）等放入高压锅，设置 120℃、20min。冷却到 50℃时，打开。

(3) 在无菌操作台里迅速将培养基分装在培养皿里。**无菌操作台：打开紫外灯，消毒 30min 以上，使用前将紫外灯关掉！**

(4) 用无菌水将滤膜上的颗粒物洗下来，按水与滤膜质量比 1∶1 混合，放振荡器上振荡 15min 左右得洗脱液，然后稀释 2 倍、10 倍。往培养皿里接种：用移液枪移取洗脱液、稀释 2 倍和 10 倍的三种浓度的溶液各 50μL，用玻璃棒涂开［**玻璃棒一直放在无水乙醇里，用前用乙醇灯（酒精灯）烧一下，消毒，去除乙醇。操作时，手也要用 75%乙醇消毒**］。

(5) 接种后在 30～37℃培养 48h，用肉眼观察即可。菌落在 30～300 个比较好，太少，不能说明问题；大于 300，太密，应该重新稀释。或者将采样纸上的有样品部分剪成碎片，置于平板培养基上，在 30～37℃培养 48h。

（三） TSP/$PM_{2.5}$/PM_{10} 颗粒物金属成分分析

在此，依据学校分析测试平台和教学实验平台能够提供的测试仪器为例。读者可以在查阅文献的基础上，自己选择消解及测试方法。以下是举例。

1. 消解

（1）仪器

① 微波消解仪型号：Multiwave Go，奥地利安东帕公司。

主要规格及技术指标：进样量为 3～25mL，转子型号 12HVT50。智能控压 Multiwave GO 试剂限制：多数样品建议在 3～15mL；反应管可加试剂最大体积 25mL。硫酸和磷酸只能用于混合酸，最大含量不高于 20%。高氯酸禁止使用。氢氟酸危险！应在通风橱内根据安全指导操作。

主要功能及特色：反应管材质为改性聚四氟乙烯，耐腐蚀、耐高温反应；每反应管取样量小于等于 3g，反应管体积 50mL，耐氢氟酸，最高工作温度 250℃，最高设计温度 310℃。

② 全自动石墨消解仪型号为 S60；制造商为美国 LabTech 公司。

主要规格及技术指标：温度常温～250℃；主要功能及特色：60 位 2 个控制单元。

③ 化学消解法。在通风橱中进行。可先用氧化瓶干灰化再湿式消解。参见第二章水样的预处理部分。

（2）实验方法

① 将有样品的采样膜放干燥器平衡 24h 后，称重，减去空白膜重，即为采到的颗粒物质量。

② 将称重后的样品放到微波消解仪或全自动石墨消解仪里，加消解液，按照仪器操作规定进行消解。

③ 消解后的物质完全转移到烧杯里，过滤到 100mL 容量瓶里；定容后，待分析测试用。

2. 金属离子测定

可以用以下仪器进行分析测试。

① 电感耦合等离子体发射光谱仪（ICP-OES）型号：ICP-OES 5110；制造商：Agilent（安捷伦公司）；产地：美国。

② 火焰原子吸收分光光度仪型号：novAA 350；制造商：德国耶拿公司。

主要功能及特色：测定水中金属元素的含量。主要附件及配置：需空心阴极灯，测定对应的金属元素。

③ 分光光度法：查相应国家标准，参见本教材相关内容。

（四）实验分组

（1）根据 TSP 实验分组，各组成员按照生物组分测定和金属离子组分测定协商分配任务；也可以每位同学全部参与每个环节。

（2）实验结果分析：结合采样时的天气及周围污染物排放情况，分析实验结果，给出合理建议。

（五）思考题

总结实验中的收获及不足。

实验十九　大气中二氧化硫的测定

（一）实验目的

（1）掌握测定大气中二氧化硫的方法和原理。

（2）学会大气中二氧化硫的采集。

（二）实验原理

二氧化硫被甲醛缓冲溶液吸收后，生成稳定的羟甲基磺酸加成物。在样品溶液中加入氢氧化钠，使加成物分解，释放出的二氧化硫与盐酸副玫瑰苯胺、甲醛作用，生成紫红色化合物，用分光光度计在577nm处进行测定。

（三）实验仪器

空气采样器、分光光度计、10mL多孔玻板吸收管、恒温水浴器、10mL比色管。

（四）试剂

（1）1.5mol/L氢氧化钠溶液。

（2）0.05mol/L己二胺四乙酸二钠溶液：称取1.82g己二胺四乙酸（EDTA），加入1.5mol/L氢氧化钠溶液6.5mL，溶解后用水稀释至100mL。

（3）甲醛缓冲吸收液储备溶液：吸取36%～38%的甲醛溶液5.5mL，0.05mol/L Na_2EDTA溶液20.00mL；称取2.04g邻苯二甲酸氢钠，溶于少量水中；将3种溶液合并，用水稀释至100mL，储存于冰箱，可保存10个月。

（4）甲醛缓冲吸收液：用水将甲醛缓冲吸收液储备溶液稀释100倍，临用现配。

（5）0.6%（m/V）氨基磺酸钠溶液：称取0.60g氨磺酸置于100mL容量瓶中，加入1.5mol/L氢氧化钠溶液4.0mL，用水稀释至标线，摇匀。此溶液封存可用10天。

（6）碘储备溶液$c(1/2I_2)=0.1$mol/L：称取12.7g碘于烧杯中，加入40g碘化钾和25mL水，搅拌至完全溶解后，用水稀释至1000mL，储存于棕色细口瓶中。

（7）碘使用液$c(1/2I_2)=0.05$mol/L：量取碘储备溶液250mL，用水稀释至500mL，储存于棕色细口瓶中。

（8）0.5%（m/V）淀粉溶液：称取可溶性淀粉0.5g，用少量水调成糊状，慢慢倒入100mL沸水中；继续煮沸至溶液澄清，冷却后储存于试剂瓶中。临用现配。

（9）碘酸钾标准溶液，$c(1/6KIO_3)=0.1000$mol/L：称取3.5667g碘酸钾（KIO_3，优级纯，经110℃干燥2h）溶于水，移入1000mL容量瓶中，用水稀释至标线，摇匀。

（10）盐酸溶液（1∶9）。

（11）硫代硫酸钠储备溶液，$c(Na_2S_2O_3)=0.10$mol/L：称取25.0g硫代硫酸钠（$Na_2S_2O_3 \cdot 5H_2O$）溶于1000mL新煮沸已冷却的水中，加入0.2g无水碳酸钠，储存于棕色细口瓶中，放置一周后备用。若溶液出现浑浊，须过滤。

（12）硫代硫酸钠标准溶液，$c(Na_2S_2O_3)=0.05$mol/L：取250mL硫代硫酸钠储备溶液，置于500mL容量瓶中，用新煮沸并已冷却的水稀释至标线，摇匀。

标定方法：吸取3份0.1000mol/L碘酸钾标准溶液10.00mL，分别置于250mL碘量瓶中，加入70mL新煮沸并已冷却的水，加1g碘化钾，摇匀至完全溶解后，加1∶9盐酸溶液10mL，立即盖好瓶塞，摇匀。于暗处放置5min后，用硫代硫酸钠标准溶液滴定溶液至浅黄色，加 2mL 淀粉溶液，继续滴定溶液至蓝色刚好褪去为终点。硫代硫酸钠标准溶液的浓度按下式计算：

$$c=\frac{0.1000\times 10.00}{V}$$

式中 c——硫代硫酸钠标准溶液的浓度，mol/L；

V——滴定所消耗硫代硫酸钠标准溶液的体积，mL。

(13) 乙二胺四乙酸溶液（0.005g/100mL）：称取 0.25gEDTA 溶于 500mL 新煮沸已冷却的水中，临用现配。

(14) 二氧化硫标准溶液：称取 0.2000g 亚硫酸钠，溶于 200mL EDTA 溶液中，缓缓摇匀，以防充氧，使其溶解。放置 2～3h 后标定。此溶液每毫升相当于 320～400μg 二氧化硫。

标定方法：吸取 3 份 20.00mL 二氧化硫标准溶液，分别置于 250mL 碘量瓶中，加入 50mL 新煮沸的冷却水、20.00mL 碘使用液及 1mL 冰醋酸，盖塞摇匀。于暗处放置 5min 后，用硫代硫酸钠标准溶液滴定溶液至浅黄色，加入 2mL 淀粉溶液，继续滴定至溶液蓝色刚好褪去为止。记录滴定硫代硫酸钠标准溶液的体积 V（mL）。

分别吸取 3 份 Na_2EDTA 溶液 20mL，用同法进行空白试验。记录滴定硫代硫酸钠标准溶液的体积 V_0（mL）。

平行样滴定所消耗硫代硫酸钠标准溶液体积之差应不大于 0.04mL，取其平均值。二氧化硫标准溶液浓度按下式计算：

$$c=\frac{(V_0-V)\times c(Na_2S_2O_3)\times 32.02}{20.00}\times 1000$$

式中 c——二氧化硫标准溶液浓度，μg/mL；

V_0——空白滴定所消耗硫代硫酸钠标准溶液的体积，mL；

V——二氧化硫标准溶液滴定所耗硫代硫酸钠标准溶液的体积，mL；

$c(Na_2S_2O_3)$——硫代硫酸钠标准溶液的浓度，mol/L；

32.02——二氧化硫（$1/2SO_2$）的摩尔质量。

标定出准确浓度后，立即用甲醛缓冲吸收液稀释为每毫升含 10.00μg 二氧化硫的标准溶液储备溶液，临用时再用此吸收液稀释为每毫升含 1.00μg 二氧化硫的标准溶液，在冰箱中 5℃保存。10.00μg/mL 的二氧化硫标准溶液储备溶液可稳定 6 个月；1.00μg/mL 的二氧化硫标准溶液可稳定 1 个月。

(15) 盐酸副玫瑰苯胺（PRA）储备溶液：0.20g/100mL。

(16) 盐酸副玫瑰苯胺使用液（0.05g/100mL）：吸取 25.00mL 盐酸副玫瑰苯胺储备溶液于 100mL 容量瓶中，加 30mL 85%的浓磷酸、12mL 浓盐酸，用水稀释至标线，摇匀，放置过夜后使用。避光密封保存。

（五）实验步骤

1. 短时间采样

根据空气中二氧化硫浓度的高低，采用内装 10mL 吸收液的 U 形多孔玻板吸收管，以 0.5L/min 的流量采样。在样品运输和储存过程中，应避光保存。

2. 分析

(1) 标准曲线的绘制。取 14 支 10mL 具塞比色管，分 A、B 组，每组 7 支，分别对应编号。A 组按表 4-1 配制校准溶液系列。

▣ 表 4-1 二氧化硫标准溶液系列

管号	0	1	2	3	4	5	6
二氧化硫标准溶液/mL	0.00	0.50	1.00	2.00	5.00	8.00	10.00
甲醛缓冲吸收液/mL	10.00	9.50	9.00	8.00	5.00	2.00	0.00
二氧化硫含量/μg	0.00	0.50	1.00	2.00	5.00	8.00	10.00

B组各管加入 1.00mL PRA 使用液，A 组各管分别加入 0.5mL 氨基磺酸钠溶液和 0.5mL 氢氧化钠溶液，混匀。再逐管迅速将溶液全部倒入对应编号并盛有 PRA 溶液的 B 管中，立即具塞混匀后恒温水浴中显色。显色温度与室温之差应不超过 3℃，根据不同季节和环境条件按表 4-2 选择显色温度与显色时间。

▣ 表 4-2 二氧化硫显色温度与显色时间对照

显色温度/℃	10	15	20	25	30
显色时间/min	40	25	20	15	5
稳定时间/min	35	25	20	15	10
试剂空白吸光度 A_0	0.03	0.035	0.04	0.05	0.06

在波长 557nm 处用 1cm 比色皿以水为参比溶液测量吸光度。

用最小二乘法计算校准曲线的回归方程：

$$Y=bX+a$$

式中 Y——标准溶液吸光度 A 与试剂空白吸光度 A_0 之差（$A-A_0$）；

X——二氧化硫含量，μg；

b——回归方程的斜率；

a——回归方程的截距。

(2) 样品测定。样品溶液中若有浑浊物，应离心分离除去。样品放置 20min，使臭气分解。将吸收管中样品溶液全部移入 10mL 比色管中，用吸收液稀释至标线，加 0.5mL 氨基磺酸钠溶液，混匀，放置 10min 以除去氮氧化物的干扰，以下步骤同校准曲线的绘制。

若样品吸光度超过校准曲线上限，则可用试剂空白溶液稀释，在数分钟内再测量其吸光度，但稀释倍数不要大于 6。

（六）结果表示

空气中二氧化硫的浓度按下式计算：

$$c(SO_2, mg/m^3)=\frac{(A-A_0)\times B_s}{V_s}\times\frac{V_t}{V_a}$$

式中 A——样品溶液的吸光度；

A_0——试剂空白溶液的吸光度；

B_s——校正因子，μg·SO_2/（12mL·A）；

V_t——样品溶液总体积，mL；

V_a——测定时所取样品溶液体积，mL；

V_s——换算成标准状况下（0℃，101.325kPa）的采样体积，L。

（七）思考题

(1) 影响测定结果的因素有哪些？

(2) 检测过程中加入氨基磺酸钠和 Na_2EDTA 的目的分别是什么？

实验二十 盐酸萘乙二胺分光光度法测定空气中二氧化氮

（一）实验目的

（1）熟悉、掌握小流量大气采样器的工作原理和使用方法。

（2）熟悉、掌握分光光度分析方法和分析仪器的使用。

（二）实验原理

大气中的氮氧化物（NO_x）主要是一氧化氮（NO）和二氧化氮（NO_2），二氧化氮被吸收在溶液中形成亚硝酸（HNO_2），与对氨基苯磺酸起重氮化反应，再与盐酸萘乙二胺偶合，生成玫瑰红色偶氮染料。于波长 540～545nm 之间，测定显色溶液的吸光度，根据吸光度的数值换算出二氧化氮的浓度。

测定氮氧化物浓度时，先用三氧化铬（CrO_3）氧化管将一氧化氮氧化成二氧化氮。

本法检出限为 0.05μg/5mL。当采样体积为 6L 时，最低检出浓度为 0.01μg/m^3。

（三）实验仪器和试剂

1. 实验仪器

除一般通用化学分析仪器外，还应具备：

（1）多孔玻板吸收管（棕色）。

（2）空气采样器（KC-6 型或其他型号）。

（3）分光光度计。

2. 实验试剂

所有试剂均用不含硝酸盐的重蒸蒸馏水配制。检验方法是要求用该蒸馏水配制吸收液的吸光度不超过 0.005（540～545nm，10mm 比色皿，水为参比）。

（1）显色液。称取 5.0g 对氨基苯磺酸，置于 1000mL 烧杯中，将 50mL 冰醋酸与 900mL 水的混合液分数次加入烧杯中，搅拌使其溶解，并迅速转入 1000mL 棕色容量瓶中。待对氨基苯磺酸溶解后，加入 0.03g 盐酸萘乙二胺，用水稀释至标线，摇匀，储存于棕色瓶中。此显色液 25℃以下暗处可保存 1 个月。

采样时，按四份显色液与一份水的比例混合成采样用的吸收液。

（2）三氯化铬-砂子氧化管。将河砂洗净，晒干，筛取 20～40 目的部分，用 1∶2 的盐酸浸泡一夜后用水洗至中性，烘干。将三氧化铬及砂子按 1∶20 的质量份混合，加少量水调匀，放在红外灯下或烘箱里于 105℃烘干，烘干过程中应搅拌数次。做好的三氧化铬-砂子应是松散的，若粘接在一起，说明三氧化铬比例太多，可适当加一些砂子，重新制备。

将三氧化铬-砂子装入双球玻璃管中，两端用脱脂棉塞好，并用塑料管制的小帽将氧化管的两端盖紧，备用。

（3）亚硝酸钠标准储备溶液。将粒状亚硝酸钠（优级纯）在干燥器内放置 24h，称取 0.3750g 溶于水，然后移入 1000mL 容量瓶中，用水稀释至标线。此溶液每毫升含 250μg NO_2^-，储存于棕色瓶中，存放在冰箱里，可稳定 3 个月。

（4）亚硝酸钠标准水溶液。临用前，吸取 1.00mL 亚硝酸钠标准储备溶液于 100mL 容量瓶中，用水稀释至标线。此溶液每毫升含 2.5μg NO_2^-。

（四）实验步骤

1. 采样

将 10mL 采样用的吸收液注入多孔玻板吸收管中。吸收管的出气口与大气采样器相连接，以 0.4L/min 的流量避光采样至吸收液呈浅玫瑰红色为止（采气 4～24L）。如不变色，应加大采样流量或延长采样时间。在采样的同时应检测采样现场的温度和大气压力，并做好记录。

2. 测定

① 标准曲线的绘制。取 6 支 10mL 比色管，按表 4-3 所列数据配制标准色列。

表 4-3　测定二氧化氮时所配制的标准色列

编号	0	1	2	3	4	5
NO_2^- 标准使用液/mL	0.00	0.40	0.80	1.20	1.60	2.00
吸收原液/mL	8.00	8.00	8.00	8.00	8.00	8.00
水/mL	2.00	1.60	1.20	0.80	0.40	0.00
NO_2^- 含量/(μg/mL)	0.00	0.10	0.20	0.30	0.40	0.50

加完试剂后，摇匀，避免阳光直射，放置 20min，用 1cm 比色皿于波长 540nm 处，以水为参比，测定吸光度。扣除空白试剂的吸光度以后，对应 NO_2^- 的浓度（μg/mL），用最小二乘法计算标准曲线的回归方程，参见实验十九。

② 样品的测定。采样后，室温放置 20min，20℃以下时放置 40min 以上。将吸收液移入比色皿中，与标准曲线绘制时的条件相同测定空白和样品的吸光度。

（五）实验结果与数据处理

1. 计算

$$\text{氮氧化物}(NO_2^-,\text{mg/m}^3)=\frac{(A-A_0-a)\times V\times D}{V_r\times f\times b}$$

式中　A——试样溶液的吸光度；

A_0——空白液的吸光度；

a——标准曲线截距；

b——标准曲线斜率；

V——采样使用的吸收液体积，mL；

V_r——换算为标准状态下的采样体积；

f——实验系数（0.88），当空气中 NO_2 的浓度高于 0.720mg/m^3 时，为 0.77；

D——气样吸收液稀释倍数。

2. 注意事项

（1）配制吸收液时，应避免在空气中长时间暴露，以免吸收空气中的氮氧化物。光照射能使吸收液显色，因此在采样、运送及存放过程中，都应采取避光措施。

（2）采样过程中，如吸收液体积显著缩小，要用水补充到原来的体积（应预先做好标记）。

（六）思考题

（1）小流量大气采样器的基本组成部分及其所起作用。

（2）简要说明盐酸萘乙二胺分光光度法测定大气中 NO_2 的原理和测定过程。

（3）分析影响测定准确度的因素。如何消减或杜绝在样品采集、运输和测定过程中引进的误差？

（4）谈谈该实验大气中 NO_2 测试方法与便携式仪器测定 NO_2 的方法的区别和联系。

实验二十一　校园声环境质量现状监测与评价

（一）实验目的

通过本实验使学生掌握监测方案的确定过程和方法，学会监测点的布设和优化；掌握声级计的使用方法；学会环境质量标准的检索和应用；根据监测数据和标准评价学校声环境现状。

（二）实验仪器

声级计；标准声源。

（三）实验要求

（1）能够根据监测对象的具体情况优化布设监测点位，选择检测时间和监测频率，确定监测实施方案。

（2）能够熟练使用声级计并用标准声源对其进行校准。

（3）能采用正确的方法对实验数据进行处理，根据监测报告的要求给出监测结果。

（4）学会环境质量标准的检索和应用，并根据监测结果对监测对象进行环境质量评价。

（5）独立编制实验报告（评价报告）。

（四）实验内容

（1）确定详细、周全、可行的监测方案，画出校园平面布置图并标出监测点位。

（2）按照方案在各监测点上监测昼夜噪声瞬时值并记录。

（3）对监测数据进行处理，给出校园声环境现状值。

（4）查阅我国现行《声环境质量标准》（GB 3096—2008），根据监测结果判断校园声环境质量是否达标；若不达标，分析原因。

（5）根据监测结果评价校园声环境现状。

（五）实验步骤

1. 测量条件

（1）要求在无雨无雪的天气条件下进行测量；声级计的传声器膜片应保持清洁；风力在三级以上时必须加风罩（以避免风噪声干扰），五级以上大风时应停止测量。

（2）手持仪器测量，传声器要求距离地面 1.2m。

（3）仪器的操作见附录二。

2. 测量步骤

（1）将学校（或某一地区）划分为 25m×25m 的网格，测量点选在每个网络的中心。若中心点的位置不宜测量，可移动到旁边能够测量的位置。

（2）每组 2～3 人配置一台声级计，按顺序到各网点测量，各监测点分别测昼间和夜间的噪声值。

（3）读数方式用慢档，每隔 5 秒读一个瞬时 A 声级，连续读取 100 个数据。在读数的同时，要判断和记录附近主要噪声来源（如交通噪声、施工噪声、工厂或车间噪声等）和天气条件。

（六）实验结果与数据处理

环境噪声是随时间而起伏的无规律噪声，因此测量结果一般用统计值或等效声级来表示。本实验用等效声级表示。

将各网点每次的测量数据（100 个）顺序排列，找出 L_{10}、L_{50}、L_{90}，求出等效声级 L_{eq}，再将该网点一整天的各次 L_{eq} 值求出算术平均值，作为该网点的环境噪声评价量。

根据被测城市的声环境功能区划，确定校园属几类区，应执行几类标准，查阅《声环境质量标准》(GB 3096—2008)，找出标准值并将监测结果与标准值对照，判断校园声环境是否达标；或以 5dB 为一等级，用不同颜色或阴影线绘制学校噪声污染图。噪声带与颜色及阴影线对照见表 4-4。

表 4-4 噪声带与颜色及阴影线对照

噪声带	颜色	阴影线
35dB 以下	浅绿色	小点，低密度
36～40dB	绿色	中点，中密度
41～45dB	深绿色	大点，高密度
46～50dB	黄色	垂直线，低密度
51～55dB	褐色	垂直线，中密度
56～60dB	橙色	垂直线，高密度
61～65dB	朱红色	交叉线，低密度
66～70dB	洋红色	交叉线，中密度
71～75dB	紫红色	交叉线，高密度
76～80dB	蓝色	宽条垂直线
81～85dB	深蓝色	全黑

（七）思考题

（1）何谓计权声级，在噪声测量中有何作用？

（2）简述声级计的基本组成和结构、基本性能。

（3）声级计的使用步骤。

实验二十二　交通噪声监测

（一）实验目的

（1）掌握区域环境噪声的监测方法，熟悉声级计的使用。

（2）练习对非稳态的无规则噪声监测数据的处理方法。

（3）查阅《声环境质量标准》（GB 3096—2008），依照国家标准的监测方法进行实验；同时，将监测结果与国家标准对比，得出被测环境噪声符合程度。

（二）基本概念

1. A 声级

A 声级采用 A 计权网络测得的声压级用 L_A 表示，单位 dB（A）。

2. 等效声级

等效连续A声级的简称，指在规定测量时间 T 内A声级的能量平均值，用 $L_{\mathrm{Aeq},T}$ 表示（简写为 L_{eq}），单位dB（A）。除特别指明外，本标准中噪声限值皆为等效声级。根据定义，等效声级表示为：

$$L_{\mathrm{eq}}=10\lg\left(\frac{1}{T}\int_{0}^{T}10^{0.1L_{\mathrm{pA}}}\mathrm{d}t\right)$$

式中 L_{pA}——t 时刻的瞬时A声级，dB；

T——规定的测量时间段。

3. 昼间等效声级、夜间等效声级

在昼间时段内测得的等效连续A声级称为昼间等效声级，用 L_{d} 表示，单位dB（A）。在夜间时段内测得的等效连续A声级称为夜间等效声级，用 L_{n} 表示，单位dB（A）。

4. 昼间、夜间

根据我国环境噪声污染防治规定，“昼间”是指6：00至22：00之间的时段；“夜间”是指22：00至次日6：00之间的时段。县级以上人民政府为环境噪声污染防治的需要（如考虑时差、作息习惯差异等）对昼间、夜间的划分另有规定的，应按其规定执行。

5. 最大声级

在规定的测量时间段内或对某一独立噪声事件测得的A声级最大值，用 $L_{\max}$ 表示，单位dB（A）。

6. 累积百分声级

用于评价测量时间段内噪声强度时间统计分布特征的指标，指占测量时间段一定比例的累积时间内A声级的小值，用 L_{N} 表示，单位为dB（A）。常用的是 L_{10}、L_{50} 和 L_{90}，其含义如下：

L_{10}——在测量时间内有10%的时间A声级超过的值，相当于噪声的平均峰值，dB；

L_{50}——在测量时间内有50%的时间A声级超过的值，相当于噪声的平均中值，dB；

L_{90}——在测量时间内有90%的时间A声级超过的值，相当于噪声的平均本底值，dB。

如果数据采集是按等间隔时间进行的，则 L_{N} 也表示有 N%的数据超过的噪声级。

7. 城市、城市规划区

城市通常是指国家按行政建制设立的直辖市、市和镇。

由城市市区、近郊区以及城市行政区域内其他因城市建设和发展需要实行规划控制的区域，为城市规划区。

8. 乡村

乡村通常是指除城市规划区以外的其他地区，如村庄、集镇等。

村庄通常是指农村村民居住和从事各种生产活动的聚居点。

集镇通常是指乡、民族乡人民政府所在地和经县级人民政府确认由集市发展而成的作为农村一定区域经济、文化和生活服务中心的非建制镇。

9. 交通干线

指铁路（铁路专用线除外）、高速公路、一级公路、二级公路、城市快速路、城市主干路、城市次干路、城市轨道交通线路（地面段）、内河航道。应根据铁路、交通、城市等规划确定。

10. 噪声敏感建筑物

指医院、学校、机关、科研单位、住宅等需要保持安静的建筑物。

11. 突发噪声

指突然发生，持续时间较短，强度较高的噪声，如锅炉排气、工程爆破等产生的较高噪声。

（三）环境噪声监测要求

1. 测量仪器

测量仪器精度为2型及2型以上的积分平均声级计或环境噪声自动监测仪器，其性能需符合相关规定，并定期校验。测量前后使用声校准器校准测量仪器的示值偏差不得大于0.5dB，否则测量无效。声校准器应满足《电声学 声校准器》（GB/T 15173—2010）对1级或2级声校准器的要求。测量时传声器应加防风罩。

2. 测点选择

根据监测对象和目的，可选择以下三种测点条件（指传声器所放位置）进行环境噪声的测量。

(1) 一般户外。距离任何反射物（地面除外）至少3.5m外测量，距地面高度1.2m以上。必要时可置于高层建筑上，以扩大监测受声范围。使用监测车辆测量时，传声器应固定在车顶部1.2m高度处。

(2) 噪声敏感建筑物户外。在噪声敏感建筑物外，距墙壁或窗户1m处，距地面高度1.2m以上。

(3) 噪声敏感建筑物室内。距离墙面和其他反射面至少1m，距窗约1.5m处，距地面1.2～1.5m高。

3. 气象条件

测量应在无雨雪、无雷电天气，风速5m/s以下时进行。

（四）实验步骤

(1) 5～6人为一组，配置一台声级计，按顺序到各监测点测量，每一个监测点至少测量3次，时间间隔尽可能相同。

(2) 读数方式用慢档，每隔5s读一个瞬时A声级，连续读取200个数据，读数同时要判断和记录附近主要噪声源（如交通、施工、生活和锅炉噪声等）和天气条件。

（五） AWA5610D型积分声级计的使用方法

1. 声压级 L_p 的测量

按一下“开/复位”键约1s后放开，仪器上的液晶显示器全部点亮，接着显示型号和电源电压“x.xx”，2s后就可正常使用。如果显示不正常，可再按一下“开/复位”键。这时液晶显示器的左边箭头不显示，仪器上显示的数值就是A计权声压级 L_p，液晶显示器每秒刷新一次，声压级 L_p 实际指的是一秒内的最大声压级。如果被测噪声起伏较大，造成示值变化较大，按一下“F/S”键，使显示器上方箭头指向符号“S”，可以使平均时间显示值变化减小。

2. 等效连续声级 L_{eq} 的测量

测量前先按“方式”键，显示屏左边箭头指向 L_{eq}；再通过“时间”键，预先设定测量时间。按一下该键，显示屏右边箭头往下移一位，第一次指向10s，依次往下为1min、5min、10min和20min；再循环到上方两个箭头同时显示表示1h，三个箭头同时显示表示4h，四个箭头同时显示表示8h，五个箭头同时显示表示24h；再按一下，箭头不显示表示手控时间。

本次试验选取1min。

测量时间设定好后，按一下“启动/暂停”键，显示器上出现闪动的采样符号“V”，表示已开始 L_{eq} 测量，到达设定好的测量时间后，采样符号消失，表示测量已自动结束，显示的“xx. x”值即为刚才设定时间的 L_{eq} 值。这时如再按一下“启动/暂停”键，则开始新一次的 L_{eq} 测量。

（六）数据处理

环境噪声是随时间起伏的无规则噪声，因此测量的结果一般是用统计值或等效声级来表示，本实验用等效声级表示。将所测得的200个数据从大到小排列，找到第10%个数据即为 L_{10}，第50%个数据即为 L_{50}，第90%个数据即为 L_{90}，并按下式求出等效声级 L_{eq} 以及标准偏差 σ。

$$L_{eq} \approx L_{50} + \frac{d^2}{60};\text{其中 } d = L_{10} - L_{90};\sigma \approx \frac{L_{16} - L_{84}}{2}$$

将监测点各次的 L_{10}、L_{50}、L_{90}、L_{eq} 值列于表4-5，求其平均值，并以 L_{eq} 的算术平均值作为该网点的环境噪声评价量。

表4-5 监测数据列表

时间	时分	时分	时分	平均值
L_{10}				
L_{50}				
L_{90}				
L_{eq}				
σ				

（七）思考题

（1）等效声级的意义是什么？

（2）声级计由哪几部分构成？

（3）影响噪声的测定因素有哪些？应注意哪些问题？

实验二十三 土壤中重金属铅的测定

（一）实验目的

（1）了解石墨炉原子吸收光谱分析程序。

（2）掌握石墨炉原子吸收光谱法的实验技术及测定方法。

（3）学习土壤样品的预处理方法。

（二）石墨炉原子吸收光谱仪工作原理

石墨炉原子化是将固体样品消解后得到的（体积的）试液注入惰性气体保护下的石墨管中，经电加热，石墨管温度迅速升高，使试液原子化。原子化过程一般分为以下四个阶段。

（1）干燥阶段：在100℃左右下干燥，使试液试样转化为固体。

（2）灰化阶段：蒸发出去样品中的有机物或低沸点无机物，其温度控制在待测元素挥发温度以下。

（3）原子化阶段：温度继续升高，使待测元素化合物经熔融、蒸发、分解为气态自由原子。

（4）净化阶段：在结束一个样品的测定后，用比原子化阶段的温度稍高的温度加热石墨管，除去样品残渣。

在上述原子化过程中产生的气态原子可吸收空心阴极灯发射的同种元素的特征谱线，而对待测元素空心阴极灯发射光强的吸收遵循朗伯-比尔吸收定律。因此，测量石墨管中气体原子吸收前后的光强，便得到峰形吸收信号。吸收峰的高度或面积正比于试样中待测元素含量，以此可进行石墨炉原子吸收定量分析。

石墨炉原子吸收法因其原子化效率高，元素检出限较火焰法低几个数量级。

本法采用盐酸、硝酸、氢氟酸和高氯酸处理试样，使用热解涂层石墨管，加入 $La(NO_3)_3$ 作为基体改进剂，测定土壤中铅。

（三）仪器

原子吸收分光光度计（配有石墨炉原子化及塞曼效应背景扣除装置）、铅空心阴极灯、聚四氟乙烯坩埚（50mL、10mL），铅混合标准液（铅 10μg/mL），逐级稀释成 1.0μg/mL、0.1μg/mL 的工作液，5%抗坏血酸溶液、5%La（NO_3）$_3$ 溶液、盐酸、硝酸、氢氟酸、高氯酸，以上均为分析纯。

（四）实验步骤

（1）仪器工作条件设定。

（2）系列标准溶液配制。分别配制含铅 0μg、5.0μg、10.0μg、15.0μg、20.0μg 的标准溶液于 10mL 容量瓶中，各加入 5%抗坏血酸 0.5mL 和 5% La（NO_3）$_3$ 溶液 2mL，用 0.2mol/L 硝酸定容；同时，制备全程试剂空白。

（3）土壤样品预处理及试液制备。称取 0.2000g 土样于聚四氟乙烯坩埚中，用少许水浸润，加入 15mL 王水（1 份硝酸与 3 份盐酸混合），在低温电热板上加热消解 2h，至溶液剩余 5mL 左右；加入 0.5mL 氢氟酸和 1mL 高氯酸，继续加热至冒白烟时，如果土壤消解物仍有黑色或棕色物存在，需加盖继续加热，待土壤消解物呈淡黄色时，开盖蒸发至近干。加入 1∶5 硝酸 2mL，继续加热溶解残渣，冷却后定容至 10mL 比色管中；同时，测定两份全程试剂空白。

（4）测定。开启主机和计算机，启动仪器自动进样装置，编制测量程序，仪器调零。待仪器稳定后，按从低浓度到高浓度的顺序测定各元素系列标准溶液，由计算机自动绘制标准曲线，得出线性相关系数。若线性相关系数大于 0.999，再测定试样溶液。

（五）数据处理

根据上述溶液的测量结果，按下式计算土壤样品中待测元素的含量（μg/g）。

$$W(B)=\frac{CV}{m}$$

式中 C——仪器测定的浓度，μg/mL；

B——待测元素；

m——样品质量，g；

V——溶液体积，mL。

（六）注意事项

（1）在消解过程中，黑色底质、泥炭质土壤或其他含有机物过多的土壤，应多加王水并反复加几次，使大部分有机物消解完毕，方能加高氯酸，以免有机物过多引起强烈反应，致使样液飞溅甚至爆炸。消解过程必须在通风橱中进行。

（2）土壤用高氯酸消解近干时，残渣若为深灰色，说明有机物还未消解完全，应再加少量高氯酸，重新消解至白色或灰白色，呈糊状为止。

（3）高氯酸的纯度对空白值的影响较大，直接关系到测定结果的准确度，因此必须注意全过程空白值的扣除，并尽量减少加入量以降低空白值。

（七）思考题

（1）国家标准中共有几种检测土壤中铅的方法？

（2）本检测方法的检出限为多少？

实验二十四　土壤中有机氯农药残留量的测定

有机氯农药（OCPs）是一类重要的持久性有机污染物（POPs），具有高毒性、难降解性、半挥发性和生物蓄积性，在环境中可长期存在，并通过食物链富集，危害生态系统和人体健康。我国是世界上 OCPs 生产和使用大国。早在 20 世纪 70 年代，西方发达国家就已经开始禁用 OCPs，而我国也于 1983 年开始禁止生产和使用。但由于其使用量大，在环境中降解缓慢，滞留时间长，使得 OCPs 仍然是环境中检出率最高的一类 POPs。近年研究发现，在水田有机氯农药残存量已经较少，而旱地有机氯农药残存量依然比较大。因此，本实验暂以六六六和滴滴涕（DDT）为例，介绍这类物质的测定方法。

（一）实验目的

（1）了解土壤中有机氯农药的预处理方法。

（2）掌握气相色谱法的定性和定量方法。

（二）GC 定性定量原理

土壤样品中的六六六和滴滴涕等有机氯农药残留量分析采用有机溶剂提取，经液-液分配及浓硫酸净化除去干扰物质，用电子捕获检测器（ECD）检测，根据色谱峰的保留时间定性，外标法定量。

（三）仪器和试剂

1. 仪器

索氏提取器，旋转蒸发仪，振荡器，水浴锅，离心机，微量注射器，气相色谱仪，300mL 分液漏斗，300mL 具塞锥形瓶，100mL 量筒，250mL 平底烧瓶，25mL、50mL、100mL 容量瓶。

2. 试剂

（1）异辛烷。

（2）正己烷：沸程 67～69℃重蒸。

（3）石油醚：沸程 60～90℃重蒸。

（4）丙酮。

（5）苯：优级纯。

（6）浓硫酸：优级纯。

（7）无水硫酸钠：300℃烘干 4h，放入干燥器中备用。

（8）硫酸钠溶液：20g/L。

（9）硅藻土：试剂级。

（10）农药标准品：α-BHC、β-BHC、γ-BHC、δ-BHC、p,p'-DDE、o,p'-DDT、p,p'-DDD、p,p'-DDT，纯度为 98.0%～99.0%。

（11）农药标准溶液制备：准确称取每种农药标准品 100mg，溶于异辛烷或正己烷（β-BHC 先用少量苯溶解），在 100mL 容量瓶中定容至刻度，在冰箱中储存。

（12）农药标准中间溶液配制：用移液管分别量取 8 种农药标准溶液，移至 100mL 容量瓶中，用异辛烷或正己烷稀释至刻度。8 种储备溶液的体积比为：$V_{\alpha\text{-BHC}}:V_{\beta\text{-BHC}}:V_{\gamma\text{-BHC}}:V_{\delta\text{-BHC}}:V_{p,p'\text{-DDE}}:V_{o,p'\text{-DDT}}:V_{p,p'\text{-DDD}}:V_{p,p'\text{-DDT}}=1:1:3.5:1:3.5:5:3:8$（适用于填充柱）。

（13）农药标准工作溶液配制：根据检测器的灵敏度及线性要求，用石油醚或正己烷稀释中间标液，配制成几种浓度的标准工作溶液，在 4℃下储存。

（四）样品预处理及检测步骤

1. 提取

称取经风干过的 60 目土壤 20.00g（另称取 10.00g 测定水分含量）置于小烧杯中，加蒸馏水 2mL，硅藻土 4g，充分混匀，无损地移入滤纸筒内；上部盖一片滤纸，将滤纸筒装入索氏提取器中，加 100mL 石油醚-丙酮（1：1），用 30mL 浸泡土样 12h 后，在 75～95℃恒温水浴锅上加热提取 4h，每次回流 4～6 次。待冷却后，将提取液移入 300mL 分液漏斗中，用 10mL 石油醚分 3 次冲洗提取器及烧瓶。将洗液并入分液漏斗中，加入 100mL 硫酸钠溶液，振荡 1min，静置分层后，弃去下层丙酮水溶液，留下石油醚提取液待净化。

2. 净化

在分液漏斗中加入石油醚提取液体积 1/10 的硫酸，振荡 1min，静置分层后，弃去硫酸层（注意：用浓硫酸净化过程中，要防止发生爆炸，加浓硫酸后，开始要慢慢振摇，不断放气，然后再较快振荡）。按上述步骤重复数次，直至加入的石油醚提取液两相界面清晰、均呈透明时为止。然后向弃去硫酸层的石油醚提取液中加入其体积量一半的硫酸钠溶液。振摇 10 余次，待其静置分层后弃去水层。如此重复至提取液成中性为止（一般 2～4 次），石油醚提取液再经装有少量无水硫酸钠的筒形漏斗脱水，滤入 250mL 平底烧瓶中，用旋转蒸发器浓缩至 5mL，定容 10mL。

3. 气相色谱分析

（1）分析条件（根据实验室能够提供的仪器，先进行预实验而定）

① 电子捕获检测器。

② DB-17 毛细柱，长 30cm。

③ 柱箱初始温度 60℃，以 20℃/min 升温速度升至 180℃，再以 8℃/min 升温速度升至 210℃。

④ 气化室温度 240℃。

⑤ 检测器温度280℃。

⑥ 载气为氮气，流速1.0mL/min。

(2) 色谱条件。吸取1μL混合标准溶液注入气相色谱仪，记录色谱峰的保留时间和峰高或峰面积。再吸取1μL试样，注入气相色谱仪，记录色谱峰的保留时间和峰面积或峰高，根据保留时间和峰高或峰面积采用外标法定性和定量。

(五) 数据处理

$$X=\frac{c_{is}\times V_{is}\times H_i(S_i)\times V}{V_i\times H_{is}(S_{is})\times m}$$

式中 X——样本中农药残留量，mg/kg；

c_{is}——标准溶液中i组分农药浓度，μg/mL；

V_{is}——标准溶液进样体积，μL；

V_i——样本溶液最终定容体积，mL；

V——样本溶液进样体积，μL；

H_{is} (S_{is})——标准溶液中i组分农药的峰高或峰面积，mm或mm^2；

H_i (S_i)——样本溶液中i组分农药的峰高或峰面积，mm或mm^2；

m——称样质量，g。

(六) 思考题

(1) 简述电子捕获法的检测原理。

(2) 如果没有标样，应选择哪种测试仪器？

(3) 在制作实际土壤样品时，有可能不仅仅含有这些农药残留，选择什么测试仪器更好？

实验二十五 农产品中亚硝酸盐含量的测定

(一) 实验目的

(1) 掌握蔬菜及其制品中亚硝酸盐含量的测定方法。

(2) 熟悉样品的前处理方法。

(二) 实验原理

样品在微碱性条件下除去蛋白质，在酸性条件下试样中的亚硝酸盐与对氨基苯磺酸反应，生成重氮化合物，再与N-1-萘乙二胺盐酸盐偶合成红色物质，进行比色测定。在538nm下，亚硝酸根形成的红色偶氮化合物的浓度在一定范围内与吸光度值为线性关系，这是定量的基础。

(三) 仪器与试剂

(1) 分光光度计：1cm比色皿，538nm处测量吸光度。

(2) 分析天平：感量0.0001g。

(3) 恒温水浴锅。

(4) 实验室用样品粉碎机或研钵。

(5) 容量瓶（棕色）：50mL、100mL、150mL、500mL、1000mL。

(6) 烧杯：100mL。

(7) 漏斗：直径 75～90nm。

(8) 吸管：1mL、2mL、5mL、10mL。

(9) 四硼酸钠饱和溶液：称取 25g 四硼酸钠（$Na_2B_4O_7 \cdot 10H_2O$），溶于 500mL 温水中，冷却备用。

(10) 0.25mol/L 亚铁氰化钾溶液：称取 53g 亚铁氰化钾［$K_4Fe(CN)_6 \cdot 3H_2O$］，溶于水，加水稀释至 500mL。

(11) 1mol/L 乙酸锌溶液：称取 110g 乙酸锌［$Zn(CH_3COO)_2 \cdot 2H_2O$］，溶于适量水和 15mL 冰乙酸中，加水稀释至 500mL。

(12) 磺胺溶液：称取 0.4g 磺胺，加 160mL 水，煮沸溶解，冷却后加 20mL 盐酸（ρ=1.19g/mL），定容至 200mL，储存于暗棕色试剂瓶中，密封保存。

(13) 0.1% *N*-1-萘乙二胺盐酸盐溶液：称取 0.1g *N*-1-萘乙二胺盐酸盐（$C_{10}H_7NHCH_2CH_2NH_2 \cdot 2HCl$），用少量水研磨溶解，加水稀释至 100mL，储存于暗棕色试剂瓶中密封保存。

(14) 5mol/L 盐酸溶液：量取 445mL 盐酸，加水稀释至 1000mL。

(15) 亚硝酸钠标准储备溶液：称取经 115℃±5℃烘至恒重的亚硝酸钠 0.15g，用水溶解，移入 50mL 容量瓶中。加水稀释至刻度，此溶液含亚硝酸根离子 2000mg/L。

(16) 亚硝酸钠标准工作液：吸取 5.00mL 亚硝酸盐标准储备溶液，置于 1000mL 容量瓶中，加水稀释至刻度，此溶液每毫升相当于 10μg 亚硝酸根离子。

(17) 活性炭：粉末状。

（四）试样制备

先将蔬菜、水果洗净，晾去表面水分，用四分法取可食部分，切碎，按比例加入一定量水（多汁样品可不加水）。用捣碎机制成匀浆，但在称取试样时应扣除水量。

（五）实验步骤

1. 试液制备

依据试样中亚硝酸盐含量的大小，准确称取匀浆样 2～20g，精确到 0.001g，置于 100mL 烧杯中，加约 50mL 温水（75℃±5℃）和 5mL 四硼酸钠饱和溶液，沸水浴 15min（75℃±5℃），并不断摇动，取出。待 5min 后，依次加入 5mL 亚铁氰化钾溶液、5mL 乙酸锌溶液和一勺活性炭粉。每一步应充分搅匀，将烧杯内溶液定容至 100mL，静置澄清，用滤纸过滤。

2. 标准曲线绘制

吸取 0.00mL、0.50mL、1.00mL、1.50mL、2.00mL、2.50mL、3.00mL（10μg/mL-NO_2^-）亚硝酸钠标准工作液，分别置于 50mL 容量瓶中，加水约 30mL，依次加入 5mL 磺胺溶液、3mL 盐酸溶液，混匀，在避光处放置 3～5min，加入 1mL *N*-1-萘乙二胺盐酸盐溶液，加水稀释至刻度，混匀。在避光处放置 15min，以 0.00mL 亚硝酸钠标准工作液为参比，用 10mm 比色皿，在波长 538nm 处用分光光度计测定其他溶液的吸光度。以吸光度为纵坐标，各溶液中所含亚硝酸根离子质量为横坐标，绘制标准曲线或计算回归方程。

3. 测定

准确吸取试液约 10mL，置于 50mL 棕色容量瓶中，用水稀释至 20mL，加入 5mL 磺胺溶液、3mL 盐酸溶液，混匀，在避光处放置 3～5min。加入 1mL *N*-1-萘乙二胺盐酸盐溶液，加水稀释至刻度，混匀，在避光处放置15min，按上述2中方法测量试液的吸光度。从标准曲线上查得亚硝酸根离子的质量（μg）。同一试样应做2个平行测定。

（六）测定结果

1. 计算公式

$$X=\frac{200\times m_1}{V\times m}$$

式中 X——试样中亚硝酸根离子含量，mg/kg；

V——试样测定时吸取试样的体积，mL；

m_1——试液中所含亚硝酸根离子质量，μg；

m——试样质量，g。

2. 结果表示

每个试样取2个平行样进行测定，以其算术平均值为结果，结果表示到0.01mg/kg。

（七）思考题

（1）农产品中亚硝酸盐的测定有哪些注意事项？

（2）食品中亚硝酸盐的危害有哪些？

实验二十六　农产品中农药残留快速检测

（一）实验目的

（1）了解农药残留快速检测常用方法与基本检测原理。

（2）掌握酶抑制法快速检测农药残留的基本方法和操作步骤。

（二）原理

在一定条件下，有机磷和氨基甲酸酯类农药对胆碱酯酶正常功能有抑制作用，其抑制率与农药的浓度呈正相关。正常情况下，酶催化神经传导代谢产物（乙酰胆碱）水解，其水解产物与显色剂反应，产生黄色物质。用分光光度计测定吸光度随时间的变化值，计算出抑制率。通过抑制率可以判断出样品中是否有有机磷或氨基甲酸酯类农药的存在。

（三）试剂

（1）pH＝8.0缓冲溶液：分别取11.9g无水磷酸氢二钾与3.2g磷酸二氢钾，用1000mL蒸馏水溶解。

（2）显色剂：分别取160mg二硫代二硝基苯甲酸（DTNB）和15.6mg碳酸氢钠，用20mL缓冲溶液溶解，4℃冰箱中保存。

（3）底物：取25.0mg硫代乙酰胆碱，加3.0mL蒸馏水溶解，摇匀后置4℃冰箱中保存备用，保存期不超过两周。

（4）乙酰胆碱酯酶：根据酶的活性情况，用缓冲溶液溶解，按“（五）、2测定”项操作，ΔA_0值应控制在0.3以上。

（四）仪器

（1）分光光度计或相应快速测定仪。
（2）常量天平。
（3）恒温水浴或恒温箱。

（五）分析步骤

1. 样品处理

选取有代表性的蔬菜样品，擦去表面泥土，剪成1cm左右见方碎片，取样品1g，放入烧杯或提取瓶中。加入5mL缓冲溶液，振荡1～2min，倒出提取液，静置3～5min，待用。

2. 测定

对照溶液测试：先于试管中加入2.5mL缓冲溶液，再加入0.1mL酶液、0.1mL显色剂，摇匀后于37℃放置15min以上（每批样品的控制时间应一致）。加入0.1mL底物摇匀，此时检测液开始显色反应，应立即放入仪器比色池中，记录反应3min的吸光度变化值ΔA_0。

样品测试：先于试管中加入2.5mL样品提取液，其他操作与对照溶液测试相同，记录反应3min的吸光度变化值ΔA_t。

（六）结果计算

结果以酶被抑制的程度（抑制率）表示

$$抑制率(\%)=\frac{\Delta A_0-\Delta A_t}{\Delta A_0}\times 100\%$$

式中　ΔA_0——对照溶液反应3min吸光值的变化值；

ΔA_t——样品溶液反应3min吸光值的变化值。

当蔬菜样品提取液对酶的抑制率≥50%时，表示蔬菜中有机磷或氨基甲酸酯类农药存在。抑制率≥50%的样品需要重复检验2次以上。

对抑制率≥50%的样品，可用其他方法进一步确定具体农药品种和含量。

（七）注意事项

（1）在检出的抑制率≥50%的10份以上样品中，经气相色谱法验证，符合率应在80%以上。

（2）韭菜、生姜、葱、蒜、辣椒、胡萝卜等蔬菜中含有破坏酶活性的物质，处理这类样品时，不要剪得太碎、浸提时间不要过长，必要时可采取整株蔬菜浸提。

（八）思考题

（1）本实验的影响因素有哪些？
（2）用气相色谱检测方法测定的含磷农药应该符合哪些物理性质？

实验二十七　蔬菜农药残留量高效液相色谱测定

（一）实验目的

（1）学习掌握如何预处理蔬菜样品和检测蔬菜中农药的残留量。

（2）熟悉掌握液相色谱的基本操作过程。

（二）实验原理

利用试样中各组分在色谱柱中的淋洗液和固定相间的分配系数不同，当试样随着流动相进入色谱柱中后，组分就在其中的两相间进行反复多次分配。由于固定相对各种组分吸附能力的不同，因此，各组分在色谱柱中的流动速度不同，经过一定的柱长后，便彼此分离，顺序离开色谱柱进入检测器，产生的离子流信号经放大后，在记录器上描绘出各组分的色谱峰。

（三）仪器与主要试剂

（1）仪器：SCL-10Avp 型液相色谱仪（配有 SPD-10Avp UV 检测器，日本岛津公司或其他型号也可），VP-ODS 色谱柱、旋转蒸发仪。

（2）主要试剂：吡蚜酮标准品，乙腈，二氯甲烷，乙酸乙酯（分析纯），无水硫酸钠（400℃烘 4h），弗罗里硅土（650℃活化 3.5h，再加 5%的去活水），粉末活性炭（110℃烘 1h，用酸浸泡，再用蒸馏水清洗直至 pH 值达到 6～7）。

（四）实验步骤

1. 农药标准溶液的配制

标准储备溶液的配制：称取吡蚜酮标准品 0.0100g，用乙腈溶解定容至 1000mL，制成 10mg/L 的储备溶液。

标准工作液的配制：将吡蚜酮标准储备溶液稀释，配制成 5mg/L、1mg/L、0.5mg/L、0.1mg/L、0.05mg/L、0.01mg/L 的标准使用液。

2. 提取和净化

（1）提取：用 4 分法称取甘蓝样品 10g 置于 250mL 锥形瓶中，加入 100mL 乙腈，振荡 10min，将振荡后的甘蓝残渣和溶液一起用玻璃漏斗过滤（底部塞脱脂棉，上面依次添加少量的无水硫酸钠和活性炭），滤液用旋转蒸发仪蒸发、浓缩（水浴温度 50℃）。将浓缩液移入加有氢氧化钠的分液漏斗中，用 50mL 二氯甲烷萃取 4 次，每次需振荡摇匀 1min；合并二氯甲烷萃取液，滤液于旋转蒸发仪上 40℃浓缩近干。

（2）净化：在玻璃色谱柱最底层铺上少量玻璃纤维，再自下而上依次填装 2cm 厚无水硫酸钠、10g 弗罗里硅土、3cm 厚无水硫酸钠。先用乙酸乙酯淋洗液预淋洗色谱柱，弃去前 10mL 淋出液；收集之后的净化液于旋转蒸发仪 40℃浓缩近干，并用乙腈定容至 5mL 摇匀，过 0.4μm 微孔滤膜，备用。

3. 测定

（1）检测条件。色谱柱：VP-ODS；流动相：V（乙腈）：V（水）＝95：5，流速 0.6mL/min；UV 检测器波长 299nm；柱温 40℃；进样量 20μL。

（2）在以上条件下，待仪器基线平稳后，用标准液进样，保留时间定性。再以标准溶液浓度为横坐标，以峰面积为纵坐标绘制标准曲线，然后在样品中加入已知含量的标准溶液，进样检测，用外标法定量。

（五）数据处理

外标法定量计算公式：

$$X=\frac{c\times V\times 1000}{M\times 1000}$$

式中 X——样品中农药残留量，mg/kg；

c——被测样品浓度，ng/μL；

V——最后定容体积，mL；

M——样品质量，g。

（六）思考题

（1）气相色谱与液相色谱检测法的工作原理有何不同？比较它们各自的优缺点。

（2）蔬菜或水果中未知农药应如何处理和测定？

第五章

综合性及设计性实验

实验二十八　地面水的采集及测定综合实验

（一）实验目的与要求

（1）掌握地面水的采集及现场分析的实验方法。

（2）根据地面水的测定结果，对水质进行评价，掌握评价方法。

（二）原理

为能够真实反映水体的质量，需特别注意水样的采集和保存，应遵守以下原则。①采集的样品要代表水体的质量。②采样后易发生变化的成分，如温度、浊度、透明度等，需要在现场测定。③带回实验室的样品，在测定之前要妥善保存，确保样品在保存期间不发生明显的物理、化学、生物变化。

水体测定项目依据水体功能和污染源的类型不同而异，但受各种条件的限制，不可能也无必要一一测定，而应根据实际情况，选择环境标准中要求控制的危害大、影响范围广并已建立可靠分析测定方法的项目。

正确选择测定分析方法是获得准确结果的关键因素之一。选择分析方法应遵循的原则是：灵敏度能满足定量要求；方法成熟、准确；操作简便；抗干扰能力好。

（三）仪器与试剂

单层采水器、串联式采水器、PHS-3TC数显酸度计、DDS-11A型电导率仪。温度计（乙醇）、溶氧仪、浊度计、比色计、流速仪、塞氏盘、烧杯等，测定水质各指标时所需使用的仪器和试剂已在各实验中列出。

（四）实验步骤

（1）选择校园内（或附近）河流或湖泊为监测对象。

（2）调查河流（湖泊）水的流向、深度、用途（水产养殖、灌溉等），以及受潮汐影响状况、历年监测数据等基本资料。

（3）设计监测方案：参考第二章水样的采集和保存部分，确定采样时间、采样频率、采样断面、深度及采样个数等；准备采样瓶、标签、相关仪器、记录表格等。

（4）确定监测点（有明显岸边标志）。

（5）学习以下实验仪器的现场操作使用方法：用吊锤测河水深度、用卷尺测量河面宽度、流速仪测定流速、塞氏盘测定透明度、单层采水器采水样、串联式采水器采水样；便携式仪器：pH 计、溶氧仪、温度计、浊度计、电导率等。

（6）按照表 5-1 监测指标，有条件现场监测的内容全部现场监测记录数据。不能现场监测的指标，将采集的水样及时进行加酸、加保护剂等处理，带回实验室分析。

（7）对比涨潮、退潮和没有潮汐时同一地点不同时间（时间混合水样）与同一时间不同采样点混合（综合水样）监测数据之间的变化情况。

（8）水样的测定：结合实际情况，可测定的水质项目和测定方法如表 5-1 所示，具体测定步骤参考本教材的其他相关实验。

表 5-1 水样测定方法

序号	测定项目	测定方法
1	温度	温度计
2	色度	铂钴标准比色法
3	嗅	定性描述法
4	浊度	浊度计测定法
5	pH	玻璃电极法
6	电导率	电导率仪测定法
7	溶解氧	氧电极法
8	悬浮物	重量法
9	COD_{Cr}	重铬酸钾法
10	BOD_5	标准稀释法
11	Cr(Ⅵ)	二苯碳酰二肼分光光度法
12	氨氮	纳氏试剂分光光度法
13	总磷	钼酸铵分光光度法
14	硫化物	碘量法

（五）计算

根据具体测定的水质项目进行数据处理。

（六）注意事项

（1）根据具体的采样河流或湖泊，在预习报告中确定实验方案，绘制数据记录表格。

（2）实验报告为论文的形式，包括前言、实验材料与方法、结果与讨论、结论和参考文献几部分。

（3）对不同采样时段，可以分组进行，数据共享。

（七）思考题

（1）可引起水样变化的原因有哪些？

（2）如果采集的水样用于测定水中溶解氧的含量，采样时应注意什么？

（3）使用浊度计检测水样浊度时应注意什么？

（4）除以上现场监测指标外，还有哪些生物指标可以现场监测？

实验二十九　土壤综合实验

（一）实验目的与要求

（1）掌握土壤的布点、采样、预处理等实验方法。

（2）根据土壤的测定结果，对监测土壤进行评价，掌握评价方法。

（二）土壤样品的采集、土壤本底值测定样品的采集

1. 土壤样品的采集

土壤样品采集是土壤分析工作中的重要环节，是关系到分析结果和由此得出的结论是否正确的一个先决条件。实践表明，采样误差对结果的影响往往大于分析误差，因此，所采土样要有充分的代表性，能真实地反映土壤的实际状况。

（1）污染土壤样品的采集。采集污染土壤样品，首先要对调查地区的自然条件（包括母质、地形、植被、水文、气候等）、农业生产情况（包括土地利用、作物生长与产量、耕作、水利、肥料、农药等）、土壤性状（包括土壤类型、层次特征、分布及农业生产特性等）以及污染历史与现状（通过水、气、农药、肥料等途径以及矿床的影响）等进行调查研究。在调查研究的基础上，根据需要布设采样地点以代表一定面积的地区或地块，并挑选一定面积的对照地区或地块，布置一定数量的采样地点。

每个采样地点实际上是一个采样测定单位，它更应具体代表其所在整个田块的土壤。由于土壤本身在空间分布上具有一定的不均一性，故应多点采样，均匀混合，以使土壤具有代表性。在同一个采样测定单位里，如面积不大，在2～3亩以内，可在不同方位上选择5～10个有代表性的采样点。采样点的分布应尽量照顾土壤的全面情况，不可太集中。下面介绍几种采样方法，见图5-1。

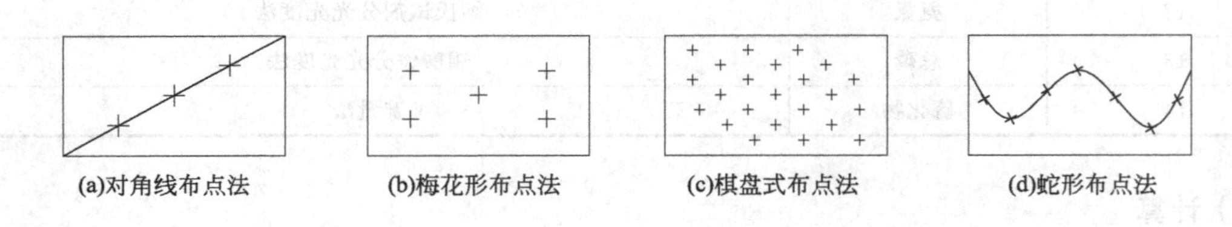

图5-1　土壤采样布点示意图

a. 对角线布点法［见图5-1（a）］：该法适用于面积小、地势平坦的污水灌溉或受污染河水灌溉的田块。布点方法是由田块进水口向对角线引一斜线，将此对角线三等分，在每等分的中间设一采样点，即每一田块设三个采样点。根据调查目的、田块面积和地形等条件可做变动，多划分几个等分段，适当增加采样点。图中记号“+”作为采样点。

b. 梅花形布点法［见图5-1（b）］：该法适用于面积较小、地势平坦、土壤较均匀的田块。中心点设在两对角线相交处，一般设5～10个采样点。

c. 棋盘式布点法［见图5-1（c）］：这种布点方法适用于中等面积、地势平坦、地形完整开阔，但土壤较不均匀的田块，一般设10个以上采样点。此法也适用于受固体废物污染的土壤，因为固体废物分布不均匀，应设20个以上采样点。

d. 蛇形布点法［见图5-1（d）］：这种布点方法适用于面积较大、地势不很平坦、土壤不够均匀的田块，布设采样点数目较多。

(2) 采样深度。如果只是一般了解土壤污染情况，采样深度只需取15cm左右耕层土壤和耕层以下15～30cm的土样。如要了解土壤污染深度，则应按土壤剖面层次分层取样。采样方法是由下层向上逐层采集，各层内分别用小土铲切取一片片土壤，然后集中起来混合均匀。用于重金属项目分析的土样，应将和金属采样器接触部分剥去，用塑料铲采样。

(3) 采样时间。为了解土壤污染状况，可随时采集样品进行测定。如需同时掌握在土壤上生长的作物受污染状况，可依季节变化或作物收获期采集。一年中在同一地点采样两次进行对照。

(4) 采样量。由上述方法所得土壤样品一般是多样点均量混合而成，取土量往往较大，而一般只需要1～2kg即可。因此，对所得混合样需反复按四分法弃取，最后留下所需的土量，装入塑料袋或布袋内。

(5) 采样注意事项

① 采样点不能设在田边、沟边、路边或肥堆边。

② 将现场采样点的具体情况，如土壤剖面形态特征等做详细记录。

③ 现场填写标签两张（地点、土壤深度、日期、采样人姓名），一张放入样品袋内，一张扎在样品口袋上。

2. 土壤本底值测定样品的采集

土壤中有害元素自然本底值是环境保护和环境科学的基本资料，也是环境质量评价的重要依据。区域性环境本底调查中，首先要摸清当地土壤类型和分布规律，标点选择必须包括主要类型土壤并远离污染源，而且同一类型土壤应有3～5个以上的重复样点，以便检验本底值的可靠性。土壤本底值调查采样要特别注意成土母质的作用，因为不同土壤母质常使土壤的元素组成和含量产生很大的差别。与污染土壤采样的不同之处在于同一个样点并不强调采集多点混合样，而是选取发育典型、代表性强的土壤采样。对于采样深度，一般采集一米以内的表土和心土；对于发育完好的典型剖面，应按发生层分别采样，以研究各种元素在土体中的分配。

(三) 土壤样品的制备

1. 土样的风干

除测定游离挥发酚、硝态氮、低价铁等不稳定项目需要新鲜土样外，多数项目需用风干土样。因为风干土样较易混合均匀，重复性、准确性都比较好。从野外采集的土壤样品运到实验室后，为避免受微生物的作用引起发霉变质，应立即将全部样品倒在塑料薄膜上或瓷盘内进行风干。当达半干状态时将土块压碎，除去石块、树根等杂物后铺成薄层，经常翻动，在阴凉处使其慢慢风干，切忌阳光直接暴晒。样品风干处应防止酸、碱等气体及灰尘的污染。

2. 磨碎与过筛

进行物理分析时，取风干样品100～200g，放在木板上用圆木棍碾碎，经反复处理使土样全部通过2mm孔径的筛子，将土样混匀储于广口瓶内，用于土壤颗粒分析及物理性质测定。通常规定通过2mm孔径的土壤用作物理分析，通过1mm或0.5mm孔径的土壤用作化学分析。进行化学分析时，根据分析项目不同而对土壤颗粒细度有不同要求。在土壤监测中，称样误差主要取决于样品混合的均匀程度和样品颗粒的粗细程度，即使对于一个混合均匀的土样，由于土粒的大小不同，其化学成分也不同，因此，称样量会对分析结果的准确与否产生较大影响。一般常根据所测组分及称样量决定样品细度。分析有机质、全氮项目，应取一部分已过2mm筛的土样，用研钵继续研细，使其全部通过60号筛（0.25mm）。用原子吸收分光光度法（AAS 法）测 Cd、Cu、Ni 等重金属时，土样必须全部通过 100 号筛(尼龙筛)。研磨过筛后的样品需混匀、装瓶、贴标签、编号、储存。

网筛规格有两种表达方法：一种以筛孔直径的大小表示，如孔径为 2mm、1mm、0.5mm；另一种以每英寸长度上的孔数来表示，如每英寸长度上有 40 孔为 40 目筛（或称 40 号筛），每英寸有 80 孔为 80 号筛等。孔数愈多，孔径愈小。

3. 土样保存

一般土壤样品需保存半年至一年，以备必要时查核之用。环境监测中用以进行质量控制的标准土样或对照土样则需长期妥善保存。储存样品应尽量避免日光、潮湿、高温和酸碱气体等的影响。玻璃材质容器是常用的优质容器。聚乙烯塑料容器也属美国环境保护署推荐容器之一，该类容器性能良好、价格便宜且不易破损。

将风干土样、沉积物或标准土样等储存于洁净的玻璃或聚乙烯容器之内，在常温、阴凉、干燥、避阳光、密封（石蜡涂封）条件下保存 30 个月是可行的。

（四）土壤样品的测定

1. 测定方法

土壤污染监测所用方法与水质、大气监测方法类同。常用方法有：重量法，适用于测土壤水分；容量法，适用于浸出物中含量较高的成分测定，如 Ca^{2+}、Mg^{2+}、Cl^{-}、SO_4^{2-} 等；分光光度法、原子吸收分光光度法、原子荧光分光光度法、电感耦合等离子体原子发射光谱法，适用于重金属如 Cu、Cd、Cr、Pb、Hg、Zn 等组分的测定；气相色谱法，适用于有机氯、有机磷及有机汞等农药的测定，见表 5-2。

2. 土壤样品溶解

溶解土壤样品有两类方法。其中一类为碱熔法，常用的有碳酸钠碱熔法和偏硼酸锂熔融法。碱熔法的特点是分解样品完全。其缺点是：添加了大量可溶性盐，易引进污染物质；有些重金属如 Cd、Cr 等在高温熔融易损失（如高于 450℃时镉易挥发损失）；在原子吸收和等离子体发射光谱仪的喷燃器上有时会有盐结晶析出并导致火焰的分子吸收，使结果偏高。溶解土壤样品的另外一类方法是酸溶法，测定土壤中重金属时常选用各种酸及混合酸进行土壤样品的消化。消化的作用是：①破坏、除去土壤中的有机物；②溶解固体物质；③将各种形态的金属变为同一种可测态。为了加速土壤中被测物质的溶解，除使用混合酸外，还可在酸性溶液中加入其他氧化剂或还原剂。下面介绍几种常用酸、混合酸及土壤消化方法。

(1) 王水：1 体积 HNO_3 和 3 体积 HCl 的混合物，可用于消化测定含 Pb、Cu、Zn 等组分的土壤样品。

(2) HNO_3-H_2SO_4：由于 HNO_3 氧化性强，H_2SO_4 具氧化性且沸点高，故用该混合酸消化效果较好。用此混合酸处理土样时，应先将样品润湿，再加 HNO_3 消化，最后加 H_2SO_4。若先加 H_2SO_4，因其吸水性强易引起炭化，样品一旦炭化后则不易溶解。另须注意在加热加速溶解时，开始低温，然后逐渐升温，以免因迸溅引起损失。消化过程中如发现溶液呈棕色，可再加些 HNO_3 增加氧化作用，至溶液清亮止。

(3) HNO_3-$HClO_4$：使用 $HClO_4$ 时，因其遇大量有机物反应剧烈，易发生爆炸和迸溅，尤以加热更甚。通常使用 HNO_3 处理至一定程度后，冷却，再加 $HClO_4$，缓慢加热，以保证操作安全。样品消化时必须在通风橱内进行，且应定期清洗通风橱，避免因长期使用 $HClO_4$ 引起爆炸。切忌将 $HClO_4$ 蒸干，因无水 $HClO_4$ 会爆炸。

(4) H_2SO_4-H_3PO_4：这两种酸的沸点都较高。H_2SO_4 具有氧化性、H_3PO_4 具有络合

性，能消除 Fe 等离子的干扰。

表 5-2 列出了土壤样品中部分金属、非金属组分的溶解和测定方法。

表 5-2 土壤样品中部分金属、非金属组分的溶解和测定方法

元素	溶解方法	测定方法	最低检出限/(μg/kg)
As	HNO_3-H_2SO_4 消化	二乙基二硫代氨基甲酸银比色法	0.5
Cd	HNO_3-HF-$HClO_4$ 消化	石墨炉原子吸收法	0.002
Cr	HNO_3-H_2SO_4-H_3PO_4 消化	二苯碳酰二肼比色法	0.25
	HNO_3-HF-$HClO_4$ 消化	原子吸收法	2.5
Co	HCl-HNO_3-$HClO_4$ 消化	原子吸收法	1.0
	HNO_3-HF-$HClO_4$ 消化	原子吸收法	1.0
Hg	H_2SO_4-$KMnO_4$ 消化	冷原子吸收法	0.007
	HNO_3-H_2SO_4-V_2O_5 消化	冷原子吸收法	0.002
Mn	HNO_3-HF-$HClO_4$ 消化	原子吸收法	5.0
Pb	HCl-HNO_3-$HClO_4$ 消化	原子吸收法	1.0
	HNO_3-HF-$HClO_4$ 消化	石墨炉原子吸收法	1.0
氟化物	Na_2CO_3-Na_2O_2 熔融法	氟离子选择电极法	5.0
氰化物	$Zn(Ac)_2$-酒石酸蒸馏分离法	异烟酸-吡唑啉酮分光光度法	0.05
硫化物	盐酸蒸馏分离法	亚甲基蓝分光光度法	2.0
有机氯农药(DDT,六六六)	石油醚-丙酮萃取分离法	气相色谱法(电子捕获检测器)	40
有机磷农药	三氯甲烷萃取分离法	气相色谱法(氮、磷检测器)	40

3. 土壤测定实例

(1) 土壤全磷的测定。土壤全磷测定采用酸溶-钼酸铵分光光度法。

① 方法要点：在高温条件下，土壤中含磷矿物和有机磷化合物与高沸点的 H_2SO_4 和强氧化剂 $HClO_4$ 作用，使之完全分解，全部转化为正磷盐而进入溶液，然后用钼酸铵分光光度法测定。

② 主要仪器：分光光度计、2kV·A 方电炉、3kV·A 调压变压器、50mL 具塞比色管。

③ 试剂：浓 H_2SO_4（二级）；$HClO_4$（二级，70%～72%）；二硝基酚指示剂：0.2g 2,6-二硝基酚或 2,4-二硝基酚溶于 1000mL 水中；NaOH 溶液：1mol/L；磷酸盐储备溶液和标准溶液、钼酸盐溶液以及抗坏血酸溶液的配制见水中总磷测定。

④ 操作步骤如下。

a. 消解阶段：称取通过 100 目筛的烘干土壤样品 1.0000g，置于 100mL 三角瓶中，以少量水湿润，加入浓 H_2SO_4 8mL，摇动后（最好放置过夜）再加入 70%～72%的 10 滴 $HClO_4$，摇匀，再加热消煮。缓慢升温，$HClO_4$ 烟雾消失后，再提高温度，使 H_2SO_4 发烟回流，待瓶内溶液开始转白后继续消解 20min，全部消解时间为 45～60min。将冷却后的消解液用水小心地冲入 100mL 容量瓶中，冲洗时用水应量少次多；轻轻摇动容量瓶，待完全冷却后，以水定容，用干燥漏斗和无磷滤纸将溶液滤入干燥的 100mL 三角瓶中；同时，做空白试验。

b. 测定阶段：取上述待测液 2～10mL（含 5～25μg 磷）于 50mL 容量瓶中，用水稀释至约 30mL，加二硝基酚指示剂 2 滴，用稀 NaOH 溶液和稀 H_2SO_4 溶液调节 pH 值至溶液刚呈微黄色。然后加入钼锑抗显色剂 5mL，摇匀，用水定容。在室温高于 15℃的条件下放置 30min 后，在分光光度计上用波长 700nm 比色，以空白试验溶液为参比液调零点，读取吸光度值。

c. 工作曲线绘制：参照水中总磷的测定。

（2）土壤中总铬的测定。土壤中总铬测定采用酸溶-二苯碳酰二肼分光光度法。

① 方法要点：在高温条件下，土壤中的铬与高沸点的 H_2SO_4 和 HNO_3 作用，使之完全进入溶液，然后用二苯碳酰二肼分光光度法测定。

② 主要仪器：50mL 具塞比色管、移液管、容量瓶等（其他同土壤中全磷的测定）。

③ 试剂：浓 H_2SO_4、浓 HNO_3、（1∶1）H_2SO_4、（1∶1）H_3PO_4、丙酮、铬标准储备溶液和使用液、4%（m/V）高锰酸钾溶液、20%（m/V）尿素溶液、2%（m/V）亚硝酸钠溶液以及二苯碳酰二肼溶液等溶液的配制参照水中总铬的测定。

④ 操作步骤如下。

a. 称取 0.5000g 风干土样于 100mL 锥形瓶内，加少许水，各加浓硝酸、浓硫酸 1.5mL，盖上表面皿，置于电炉上加热至冒白烟，取下稍冷却。重复滴加 2～3 滴浓硝酸，再置于电炉上加热至冒大量白烟至土样变白，消解液黄绿色为止。

b. 取下锥形瓶，用水冲洗表面和瓶壁，分离过滤，上清液移入 100mL 容量瓶，稀释至标线。

c. 吸取 10mL 上清液于 50mL 烧杯中，滴加 2 滴 4%高锰酸钾溶液呈紫红色，置水溶液上煮沸 15min。若紫红色褪去继续滴加使之保持紫红色。冷却后，加入 1mL 20%尿素溶液，摇匀，用滴管滴加 2%亚硝酸钠溶液，每加一滴充分摇匀至紫色刚好消失。稍停片刻转移到 50mL 比色管中，稀释至标线。

d. 加（1∶1）H_2SO_4 和（1∶1）H_3PO_4 各 0.5mL，摇匀；再加入 2mL 显色剂，5～10min 后，于 540nm 波长处，以空白为参比，测定吸光度。

e. 工作曲线绘制：参照水中总铬的测定。

（五）实验分组

以 4～5 人为一组，自选学校附近农田（或农学院实验基地）。通过调研资料，设计监测方案，按照实验步骤进行实地采样监测，撰写实验报告。与相应国家标准对比，评价该土壤质量，提出合理建议。

（六）思考题

（1）土壤样品采集需要准备哪些采样器具？

（2）土壤样品的采集一般分几个阶段？

实验三十　电化学法处理印染污水过程监测综合实验

本实验为综合设计实验。在上海交通大学贾金平课题组完成国家自然科学基金（掺硼金刚石薄膜芯片复式电极电化学转盘的新方法研究 20477026）的基础上设计了该实验。掺硼金刚石薄膜电极因其优良的耐腐蚀性和大的电位窗口（>3.0V）尤其适合处理难降解有机废水。而电化学方法处理高毒性难降解工业废水的优点在于绿色环保（用电子作为氧化剂或还原剂），占地面积小，速度快等。通过本实验，引导学生查阅文献，了解前沿科学研究动态，扩大知识面。

印染废水对自然环境的危害如下。

（1）对天然水体的污染：印染废水排入天然水体后，其中所含大量有机物会迅速消耗水体中的溶解氧，使河流因缺氧而产生厌氧反应，释放出的 H_2S 又进一步消耗水体中的溶解氧。水体中的溶解氧因此大幅度下降，将威胁鱼虾类的生存。漂白废水中的游离氯可能破坏或降低河流的自净能力。重金属通常会形成底泥，危害水中动植物的生长。染料废水使河水着色，严重破坏水体的自然生态链；同时，也大大降低了水体的经济价值。

（2）对农田的污染：用染料废水灌溉农田，由于碱性大，会引起土壤盐碱化。废水中的悬浮物将堵塞土壤的孔隙，阻碍农作物根系的呼吸，影响农作物的生长。农作物和土壤微生物将产生不良影响。印染废水中的有毒物质会在农作物的根茎和果实中积累，影响其食用价值。此外，还会对地下水造成污染。

印染废水性质稳定，在自然界存在时间长，对环境水体及生物危害大，难以生化降解，对人的感官影响比较大。因此，近年来科研项目研究较多。

本实验中所用染料为日落黄（也可以选择其他染料或难降解有机物）。日落黄是化学合成色素，有致癌性和致畸性，在固体调味料中是限制使用和禁止使用的，长时间食用将导致人体毒素沉积，从而对人体产生毒害。日落黄结构简单，适合做降解途径分析。其溶于水呈黄橙色澄清溶液，极微溶于乙醇，而不溶于油脂中；遇浓硫酸呈红亮橙色，稀释后呈黄色。其水溶液遇浓盐酸不变色，遇浓氢氧化钠呈棕红色，具有酸性染料特性，能使动物纤维直接染色。

（一）实验目的与要求

（1）查阅文献，了解我国印染废水的排放量、危害、现有治理方法等；了解电化学方法处理废水的原理、试验仪器、优点、缺点等；了解不同材质电极材料对电化学反应的影响；了解电位窗口的定义及在处理废水中的优选原则，不同电极的电位窗口及对本实验的影响。

（2）学习设计实验方案、搭建实验装置、对未知难降解废水如何寻找最大波长等。自己设计试验方案，包括试验器材的选择、影响试验因素的探索等。

（3）将设计好的方案交给老师审阅后，再自己动手搭建试验装置，实施所设计的试验。

（4）探索电极种类、电压、电导率、不同电解质、电解时间、pH 值、染料初始浓度等因素变化对色度去除率的影响。

（5）测定不同电解条件下废水的 BOD_5、COD_{Cr}，求 B/C 值，寻找可生化处理的最佳条件。

（二）原理

本文以日落黄染料为例。其他染料只需再扫描一下最大吸收波长。其余实验过程相似于日落黄。日落黄属于偶氮类染料，分子中含有偶氮双键、水溶性基团磺酸钠，易溶于水。原日落黄溶液的紫外可见分光光谱在 200～800nm 范围内显示三个特征峰，其中近紫外区 λ_{max} = 236nm、314nm 的吸收主要是由日落黄分子中的苯环、萘环等不饱和基团所引起。由于萘环结构的吸收峰较苯环有所红移，所以在紫外区内，其中的两个特征吸收峰分别是苯环结构（236nm）和萘环结构（314nm）。日落黄在可见光区出现的特征吸收峰 λ_{max} = 481nm，是由萘环和苯环通过偶氮基团形成的大共轭结构的电子跃迁引起的，吸收峰强度较大。日落黄分子结构式如图 5-2 所示。

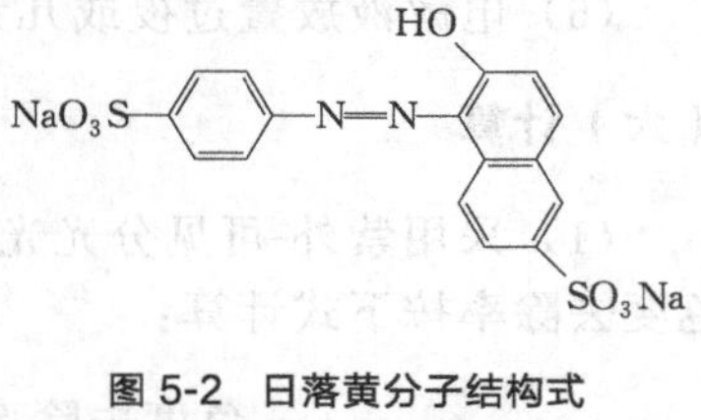

HO
NaO_3S—⟨苯环⟩—N=N—⟨萘环⟩
SO_3Na

图 5-2 日落黄分子结构式

此结构中的偶氮基团易于被氧化断裂，导致整个分子的大共轭结构被破坏，即生色基团被破坏。在偶氮基团被氧化的过程中，一部分形成小分子，另一部分会与其他偶氮基团或活性基团结合，形成更大的分子，使得疏水性增加，最终以沉淀物的方式从水体里去除。所以，随着对日落黄废水氧化时间的增加，废水会表现出颜色变浅或最终全无。

本实验用电化学方法将印染废水中的大分子断链或聚合絮凝，转化为可生化处理的小分子或沉淀物；同时，脱除颜色，使废水的感官变好。

本实验以日落黄染料为例，用监测手段研究电化学法处理难降解废水的整个工艺过程，是一个模拟处理工艺的过程监测。通过色度去除率、COD_{Cr}、BOD_5 等指标的变化，来决定处理工艺的技术指标。

（三）仪器与试剂

铁片、不锈钢片、镀钌铱钛电极、石墨电极、电解槽、稳压电源、紫外-可见分光光度计、磁力搅拌器、磁子、酸式滴定管、COD 消解器、pH 计、恒温培养箱等；日落黄、氯化钠、硫酸钠、稀硫酸、稀氢氧化钠等。

（四）实验内容

在给定条件下，探究不同电解条件下日落黄的色度去除率；每组同学选择不少于 3 个变量因素进行实验，可以研究改变电解时间、电压/电流强度、电极距、电极材料（变换阳极、阴极）、电解质种类或加入量、日落黄初始浓度、pH 值等因素对废水处理结果的影响；对电化学处理前后取样，测定 BOD_5、COD_{Cr}，求 B/C 值，得到生化处理的最佳电化学条件，以便在最短时间、最节约能源的前提下，更有效地处理难降解有机废水。

将电解后反应剩余溶液留在比色管中过夜，观察电絮凝现象。

（五）实验步骤

（1）以浓度为 100mg/L 的模拟日落黄染料废水为研究对象（也可以固定其他反应条件，变化初始浓度）。因用蒸馏水配制染料，所以一般都要加硫酸钠（取 0.5～1g）作为电解质。如果是以电解质变化为研究对象，则可以改变硫酸钠或氯化钠的用量。

（2）电化学法处理日落黄的实验条件可以选择为：电压 0.5～5V，电导率 500～1400μS/cm，反应时间为 10～40min。

（3）在电解 2min、5min、10min、15min、20min、25min、30min、35min、40min 时取样测色度去除率，每次留样做 COD_{Cr}、BOD_5、TOC 等。

（4）在分别添加氯化钠或硫酸钠的情况下重复以上实验。

（5）固定初始浓度、电压、电极距、pH 值等，改变电极种类，重复不同电解时间对日落黄色度去除的影响。以此类推，学习改变一个实验条件，固定其他实验条件，探索实验最佳条件，以寻求最节能的处理方案。

（6）电解液放置过夜或几天后观察有无沉淀产生。

（六）计算

（1）采用紫外-可见分光光度计测定样品吸光度，并用吸光度的变化来表示浓度的变化。色度去除率按下式计算：

$$\text{色度去除率}=\frac{\text{电解前吸光度}-\text{电解后吸光度}}{\text{电解前吸光度}}\times 100\%$$

（2）COD_{Cr}、BOD_5 的测定见本实验教材相关内容。

（3）TOC 样品送中心实验室做相关实验。

（七）注意事项

（1）本实验分预习报告和实验报告两部分。

（2）实验报告为论文的形式，包括前言、实验材料与方法、结果与讨论和结论四部分。

（八）思考题

（1）电化学处理印染废水的影响因素有哪些？

（2）印染废水的检测指标有哪些？

（3）对比 NaCl 或 Na_2SO_4 的目的是什么？

（4）将电解后的印染废水放置过夜，观察电絮凝现象。此现象在类似难降解废水的处理中有何特殊意义？

实验三十一　校园环境空气监测与评价

本实验为综合设计实验，旨在将书本知识运用到实际环境监测中。通过自主设计实验方案、监测及数据处理，最终评价校园环境质量。

（一）实验目的

（1）学习设计校园环境空气监测与评价方案。

（2）综合运用环境监测与环境影响评价知识完成校园环境空气监测与评价过程。

（3）培养分析问题、解决问题的能力。

（4）提高监测与评价综合技能。

（二）实验要求

（1）2 人一组，以组为单位。

（2）实验前提交一份可行性方案，内容包括校园不同功能区布点、采样时间、采样时长、采样种类（颗粒物、分子状污染物等）、吸收液种类、分析项目、样品前处理方法、分析测试方法、数据处理、实验结果分析及参考文献。

（3）要求不少于环境空气常规监测项目 3 项（酌情考虑臭氧、光化学氧化剂等）。

（4）要充分考虑小组间团结合作，通过合理分工布局，分析不同指标、不同采样时间、地点等，得到校区空气质量在监测时段的状况。每人独立提交一份实验报告，该报告应合理引用参考文献。

（5）实验内容：方案确定，布点采样，分析测试，数据处理，结果评价，实验小结。

（6）各小组的数据共享到环境监测实验课的 canvas 平台上或班级微信群里，分析校园整体空气质量、污染物来源等，最后形成一个监测报告。

（7）根据《环境空气质量标准》（GB 3095—2012），评价校园空气污染情况。

（三）注意事项

（1）随时关注天气状况，如遇下雨天不能做实验（有雨则及时收回采样器）。

（2）师生活动多或人口密度大的场合多布点，如教学楼、宿舍楼、实验楼和操场等。

（3）注意用电安全，携带出去的仪器配件包括说明书等由专人负责，要无损交回实验室。

（四）思考题

该实验过程有哪些需要注意的事项？

实验三十二 室内空气污染监测与评价

本实验为综合设计实验，相关室内空气质量标准随着我国商品房的发展应运而生。本实验旨在将书本知识运用到实际环境监测中。实验场所可以在学校内或附近选取刚装修不久的室内。通过自主设计实验方案、监测及数据处理，最终评价某室内环境质量。

（一）实验目的

（1）确定室内环境现状、监测与评价方案；

（2）综合运用监测与评价知识完成学生公寓室内污染监测与评价全过程；

（3）训练室内检测与评价综合技能；

（4）查阅室内空气质量国家标准；

（5）培养同学之间的合作能力。

（二）实验要求

（1）以四人为一组，仪器分组轮流使用。每台仪器由一人认领，保证其完好并归还。每组成员按照时间或地点分工，人人都要学习好仪器的操作。

（2）实验前确定一份可行性实验方案，设计、记录表格。

（3）监测项目：甲醛、臭氧、氮氧化物、氡、VOCs（酌情考虑霉菌、臭味）、一氧化碳、二氧化碳、硫化氢、二氧化硫等。

（4）学会使用便携式检测仪。

（5）根据《室内空气质量标准》（GB/T 18883—2002）评价学生公寓空气污染。

（6）提交一份学生公寓室内或其他自选室内场所的污染监测与评价报告。

（7）实验内容及报告：方案确定，布点测试，结果评价。

（三）实验仪器

便携式仪器：甲醛、臭氧、氮氧化物、氡、VOCs、二氧化硫、硫化氢、氨气、一氧化碳、二氧化碳监测仪等。

（四）思考题

（1）室内空气污染指标有哪些？

（2）如何防治室内空气污染？

实验三十三 样品前处理综合实验

本实验为综合设计实验。

（一）实验目的

环境样品具有成分复杂、污染物含量低等特点，对样品前处理要求很高。针对不同环境介质或不同分析对象，样品前处理方法也不相同。通过本实验，培养学生综合运用知识能力和互助合作能力。

在前期已有验证实验训练的基础上，学生自主选择实验对象，可以是土壤、固废、植物、动物、大气、污水等。通过查阅期刊文献、国家标准、分析手册等，设计样品处理方法；同时，调研学院教学实验室和分析测试中心的仪器。应根据已有仪器，设计可以实施的实验方案；锻炼书本知识的应用能力，培养同学之间的合作能力。

（二）实验内容

选择的实验对象可分为：土壤样品前处理、生物（蔬菜、水果、种子、植物叶片、鱼、肉）样品前处理、水样前处理、大气采样后样品前处理等。

根据样品中污染物的种类、含量等实验目的不同，样品前处理方法可分为：有机物——索式萃取法：提取蔬菜叶片、苹果、土壤、肥肉等中的污染物成分，定容后用气相色谱或液相色谱测定；重金属——湿式消解（先干灰化消解）、微波消解法，先萃取、蒸发等预处理土壤中重金属、硒、氟，测定方法与水体中金属离子测定方法相同。也可以将样品中污染物分为可溶部分和不可溶部分分别处理。

（三）实验要求

4～5 人一组，3～6 个学时，预习实验，设计实验方案；实施实验方案；完成实验报告；做小视频。

（四）课后总结

以 PPT 形式，进行不同组之间实验过程和数据分享，讨论、互评等。

实验三十四　电化学 DNA 探针检测水体中的汞

本实验为探索性综合实验。

（一）实验目的

(1) 通过查阅文献，了解汞的最新监测方法。

(2) 了解 DNA 探针的工作原理。

汞（Hg）是一种银白色液态金属，俗称水银，是人体非必需元素。汞蒸气和汞盐（除了一些溶解度极小的如硫化汞）都是剧毒的。汞及其化合物的毒性会因摄入方式的不同或量的不同而不同，对人体的损害以慢性神经毒性居多，急性中毒为少数。目前汞中毒的机理尚未完全清楚，已知道的是 Hg-S 反应是汞产生毒性的基础。环境中汞污染具有持久性、易迁移性、高度的生物富集性、强毒性等特性，并且环境中任何形式的汞均可在一定条件下转化为剧毒的甲基汞，而甲基汞很容易被人体吸收，不易降解，排泄较慢，特别是容易在脑中积累，危害人体的中枢神经系统、消化系统及肾脏。此外，其对呼吸系统、皮肤、血液及眼睛也有一定影响。水俣病即甲基汞中毒。

汞污染主要来源是人为源，其中有 80%是以元素汞蒸气的形式向大气排放的，主要来自化石燃料燃烧、采矿、冶炼、垃圾焚烧等途径；另外有 15%通过施肥、农药、生活废弃物等途径进入土壤，还有 5%以工业废水的形式进入了水体。因此，汞在大气、土壤和水体中均有分布，汞的迁移转化也在“陆、水、空”之间发生，而排向大气和土壤的汞最终将随着水循环回归入水体。水体中不论呈何种形态的汞，都会直接或间接地在微生物的作用下转化为甲基汞或二甲基汞。二甲基汞在酸性条件可以分解为甲基汞。水生生物摄入的甲基汞可以在体内积累，并通过食物链不断富集。受汞污染水体中的鱼，体内甲基汞浓度可比水中高上万倍，危及鱼类并通过食物链危害人体。

水中汞的测定方法比较多。本文主要介绍一种基于 T-Hg^{2+}-T 结构的电化学 DNA 探针检测水体中的汞的新方法。

（二）原理

在脱氧核糖核酸分子中，含氮碱基为腺嘌呤（A）、鸟嘌呤（G）、胞嘧啶（C）和胸腺嘧啶（T）。每一种碱基与一个糖和一个磷酸结合形成一种核苷酸。在其双链螺旋结构中，磷酸-糖-磷酸-糖的序列构成多核苷酸主链。在主链内侧连接着碱基，但一条链上的碱基必须与另一条链上的碱基以相对应的方式存在，即腺嘌呤对应胸腺嘧啶（A 对 T 或 T 对 A）、鸟嘌呤对应胞嘧啶（C 对 G 或 G 对 C）形成碱基对。这种排布方式叫作碱基互补原则，也称碱基配对原则。研究表明，Hg^{2+} 能与 T-T 碱基对形成稳定和特异性的 T-Hg^{2+}-T 结构，T-Hg^{2+}-T 结构的稳定性强于普通的 A-T 碱基对。由于 Hg^{2+} 的范德瓦耳斯半径（≈1.44Å，1Å=0.1nm）小于 DNA 双链中碱基对之间的空隙（≈3.4Å），所以 Hg^{2+} 能够很好地嵌入碱基对中而不改变 DNA 双链结构。

在本方法中，Hg^{2+} 特异性识别元件由两条富含 T-T 错配的部分碱基互补配对的单链 DNA（ssDNA）探针 1 和探针 2 组成。其中，探针 1 修饰巯基（—SH），探针 2 修饰信号分子。物理抛光和电化学清洁后的金盘电极表面通过 Au-S 键自组装上探针 1，利用巯基己醇封闭电极表面多余的活性位点；同时，使探针 1 保持站立。将探针 2 加入待测样品后混匀，然后取一定量的混合溶液滴加到电极表面。当待测样品中有 Hg^{2+} 时，探针 1 和探针 2 能形成稳定的 DNA 双链结构，从而使标记在探针 2 上的信号分子靠近电极表面，利用电化学工作站通过方波伏安法检测电流信号。表 5-3 列出了两种探针序列的具体信息。

□ 表 5-3 两种探针序列的具体信息

名称	序列	序列长度	修饰物
探针 1	5′-CGTCTTGTCGA-3′	11nt	3′端修饰巯基—SH
探针 2	5′-TCGTCTTGTCG-3′	11nt	5′端修饰亚甲基蓝—MB

本方法适用于环境水体中汞的测定，也适用于废水中汞含量的测定，具体示意见图 5-3。

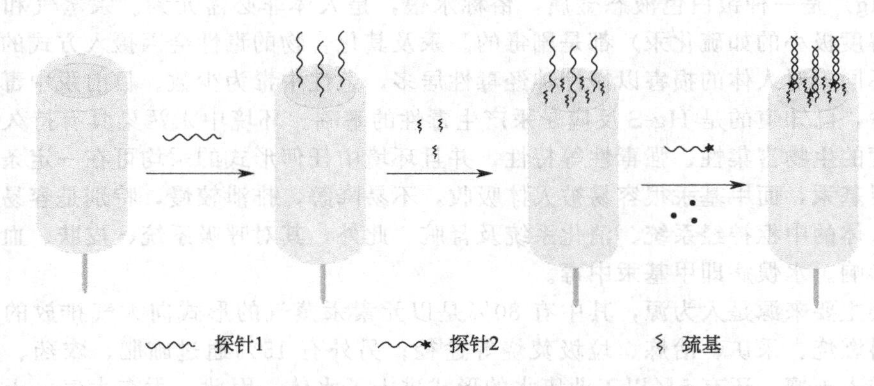

图 5-3 DNA 探针方法测定水中汞离子示意

（三）仪器设备

（1）电化学工作站，方波伏安法。

（2）工作电极：金盘电极（直径 2mm）；对电极：铂丝电极；参比电极：银/氯化银电极。

（3）容积为 30mL 的圆形电化学工作池。

（四）试剂和材料

（1）ssDNA 探针储备溶液配制：两种探针浓度均为 1.0×10^{-4}mol/L。由于购买的 ssDNA 是以很轻的粉末状附在离心管壁上，在打开离心管盖时极易散失，因此在打开离心管盖前先离心 5min（8000r/min），然后慢慢打开离心管盖后加入超纯水，盖紧离心管盖后充分振荡、混匀，然后分装保存。

ssDNA 序列的合成及活性基团的标记均由上海生工生物工程（Sangon）股份有限公司完成。

（2）6-巯基己-1-醇（MCH）：2mmol/L，移取 28μL 的 MCH 置于 100mL 容量瓶中，加超纯水定容至刻度。

（3）固载溶液：称取 0.2423g 三羟甲基氨基甲烷（Tris）、0.0584g EDTA、0.5733g 三(2-羰基乙基）磷盐酸盐（TCEP）、1.1688g NaCl 置于烧杯中，加入 75mL 超纯水充分溶解，调节 pH＝7.4，将混合溶液转移至 100mL 容量瓶，加超纯水定容至刻度。

（4）杂交溶液：称取 0.2423g Tris、0.8132g $MgCl_2$、1.1688g NaCl 置于烧杯中，加入 75mL 超纯水充分溶解，调节 pH＝7.4，将混合溶液转移至 100mL 的容量瓶，加超纯水定容至刻度。

（5）清洗溶液：称取 0.1211g Tris 置于烧杯中，加入 75mL 超纯水充分溶解，用 HCl 溶液调节 pH＝7.4，将混合溶液转移至 100mL 的容量瓶，加超纯水定容至刻度。

（6）PBS 溶液：分别配制浓度为 0.1mol/L 的 Na_2HPO_4 溶液和 KH_2PO_4 溶液，两种溶液按一定体积互相混合，混合溶液调节 pH＝7.4。

（7）piranha 溶液：将过氧化氢（35%，AR）加入浓硫酸中，体积比 3∶7。取 14mL 浓硫酸置于水杯中，然后取 6mL 过氧化氢滴加入浓硫酸中，混合均匀。

（8）汞标准溶液：1g/L 的硝酸汞溶液。

（五）实验步骤

1. 电极预处理

（1）先用 0.5μm 的抛光粉粗磨 5min，然后用 0.05μm 抛光粉细磨 10min 至镜面。

（2）用超纯水、无水乙醇分别超声清洗 5min，氮气吹干。

（3）用 piranha 溶液浸泡 15min，然后用超纯水超声清洗 5min，氮气吹干。

（4）金电极置于 0.5mol/L H_2SO_4 溶液循环伏安扫描 15 圈（电压范围：－0.2～1.5V），再用超纯水冲洗干净，氮气吹干备用。

2. 电极修饰

（1）移取 10μL 的 1μmol/L 的探针 1 溶液与 10μL 的固载溶液置于离心管中，混合均匀后移取 10μL 混合溶液滴加到电极的金盘上“孵育”2h，“孵育”完成后用清洗溶液冲洗电极。

（2）移取 10μL MCH 溶液滴加到电极表面反应 0.5h，反应结束后用清洗溶液冲洗电极表面。

（3）移取 10μL 探针 2 溶液、10μL 汞标准溶液和 20μL 杂交溶液置于离心管中，混合均匀后移取 10μL 混合溶液滴加至电极表面反应 2h，然后用清洗溶液缓慢冲洗待测。

3. 电化学测试

电化学测试采用三电极体系，即工作电极、参比电极和对电极体系。电化学测量方法采用方波伏安法（SWV），SWV 测量在浓度为 0.1mol/L 的 PBS 缓冲液中进行。SWV 测试参数为扫描范围：－0.5～0V；电势增加：4mV；振幅：25mV；频率：15Hz。

4. 标准曲线的绘制

标准曲线的绘制：准确移取 0μL、5μL、10μL、25μL、50μL、100μL、200μL、350μL、500μL 汞标准溶液分别置于 100mL 容量瓶中，稀释至刻度。由低浓度到高浓度依次移取 10μL 标准溶液至步骤（2）～步骤（3）中，待反应完成后按仪器操作规程进行测定。以峰值电流为纵坐标，标准溶液中汞的质量（μg/L）为横坐标，绘制标准曲线并计算回归方程。

5. 测定

移取实际样品 10μL 至步骤（2）～步骤（3）中，再按仪器操作规程进行测定。

6. 数据处理

汞含量以质量浓度 ρ 计，按下式进行计算：

$$\rho=4c$$

式中 ρ——汞的质量浓度，μg/L；

4——步骤（2）～步骤（3）中稀释了 4 倍；

c——由仪器测得的样品中汞的浓度，μg/L。

（六）注意事项

（1）本方法使用的强酸具有腐蚀性，使用时应避免吸入或接触皮肤，溅到身上时应立即用大量水冲洗，严重时应立即就医。

（2）配制 piranha 溶液时，将双氧水溶液非常缓慢地加入浓硫酸中，加入顺序绝对不能颠倒。该过程剧烈放热，一定要等溶液完全冷却后才可以加热。不用的 piranha 溶液应先冷却，然后将溶液置于通风橱中贴上标签待后期处理。

（3）巯基已醇具有刺激性臭味，使用巯基已醇时在通风橱中进行。

（4）汞及其化合物毒性很强，操作时应加强通风，操作人员应佩戴防护器具，避免接触皮肤和衣服。

（5）汞浓缩液的处理需委托有相关资质的单位处理，切勿随意倾倒。

（七）思考题

（1）汞对人体的危害有哪些以及如何预防这些危害？

（2）影响该方法检测灵敏度的因素有哪些？

（3）本实验方法的优、缺点是什么？

参考文献

[1] 彭崇慧，冯建章，张锡瑜，等．分析化学定量化学分析简明教程［M］．4 版．北京：北京大学出版社，2020：16-41.

[2] 李竺，郜洪文，陈玲，等．固相萃取技术在环境中农药残留分析的研究进展［J］．世界科技研究与发展，2005，27（5）：64-71.

[3] 宋迎春，谭洪涛．固相萃取及其在食品分析中的应用［J］．江西医学检验，2005，23（6）：583-584.

[4] 张月琴，吴淑琪．水中有机污染物前处理方法进展［J］．分析测试学报，2003，22（3）：106-109.

[5] 陈岚，满瑞林．超临界萃取技术及其应用研究［J］．现代食品科技，2006，22（1）：199-202.

[6] 窦宏仪．SFE 技术在精细化工中的应用新进展［J］．精细化工，1991，8（4）：59.

[7] 石秉荣，洪桂秋．超临界流体萃取技术在食品工业中的应用现状［J］．食品科学，1993，9：32.

[8] 彭清涛．应用于环境样品预处理的新技术［J］．环境保护，2000，6：21-22.

[9] Ganzler K，Salgó A，Valkó K. Microwave extraction：a novel sample preparation method for chromatography［J］. Journal of Chromatography A，1986，371（1）：299.

[10] Camel V. Microwave-assisted solvent extraction of environmental samples［J］. Trac -TrendsIn Analytical Chemistry，2000，17（1）：229.

[11] 刘凌，裴志国，刘准，等．微波辅助溶剂提取法对土壤中残留苯并咪唑类农药的测定［J］．分析实验室，2004，23（4）：34.

[12] Wen Z，Yu X，Tu S T，et al. Biodiesel production from waste cooking oil catalyzed by TiO_2-MgO mixed oxides［J］. Bioresource Technology，2010，101（24）：9570-9576.

[13] Adomaviciute E，Jonusaite K，Barkauskas J，et al. In-groove carbon nanotubes device for SPME of aromatic hydrocarbons［J］. Chromatographia，2008，67（7-8）：599-605.

[14] Sun T H，Fang N H，Zhu N W，et al. Analysis of alpha，beta，gamma-hexachlorocyclohexanes in water by novel activated carbon fiber-solid phase microextraction coupled with gas chromatography-mass spectrometry［J］. Journal of Environmental Science，2004，16（6）：945-949.

[15] 刘稷燕，江桂斌．固相微萃取技术及其在有机锡和有机汞分析中的应用［J］．分析化学，1999，27：1226-1230.

[16] Peng D Q，Sun T H，Jia J P，et al. Activated carbon fiber solid phase microextraction-gas chromatography for determination of phthalate esters in seawater［J］. Chinese Journal of Analytical Chemistry，2009，37（5）：715-717.

[17] Liao L Y，Wang Y L，Sun T H，et al. Novel circulating cooling solid-phase microextraction［J］. Environmental Science & Technology. 2006，29（6）：37-39.

[18] Zhang X，Sun T H，Jia J P，et al. Activated carbon fiber solid phase microextraction-gas chromatography for the determination of nonylphenol in seawater［J］. Journal of Shanxi University，2010，33（2）：270-273.

[19] Peng D Q，Sun T H，Wei W，et al. Determination of monobutyltin trichloride in seawater by activated carbon fiber solid phase microextraction/gas chromatography-mass spectrometry［J］. Journal of Instrumental Analysis，2008，27（11）：1255-1257.

[20] 贾金平，何翊，黄骏雄．固相微萃取技术与环境样品前处理［J］．化学进展，1998，2001（1）：74-84.

[21] Lu F F，Wang Y L，Jia J P，et al. Activated carbon fiber solid phase microextraction for the determination of polycyclic aromatic hydrocarbons in seawater［J］. Chinese Journal of Analysis Laboratory，2010，29（6）：19-21.

[22] Kang D，Wang Y L，Jia J P，et al. Solid-phase micro-extraction with activated carbon fiber for quick determination of PAHs in roasted meat［J］. Environmental Science & Technology，2011，34（9）：88-84.

[23] 王晓乐．基于活性炭纤维-固相微萃取技术与 GC-MS 联用快速检测地沟油的新方法［D］．上海：上海交通大学，2014.

[24] Wang X L，Wang K，Jia J P，et al. Determination of waste cooking oil by activated carbon fiber-solid phase microextraction coupled to GC-MS［J］. Chinese Journal of Analysis Laboratory，2014.

[25] GB/T 5750. 4—2006.

[26] GB 11901—1989.

[27] GB 13200—1991.

[28] GB 7489—1987.

[29] HJ 505—2009.

[30] HJ 828—2017.

[31] GB 11892—1989.

[32] HJ 535—2009.
[33] GB 11893—1989.
[34] HJ 484—2009.
[35] HJ/T 60—2000.
[36] 中华人民共和国国家环境保护局．水质痕量砷的测定硼氢化钾－硝酸银分光光度法：GB 11900—1989.
[37] GB 7485—1987.
[38] GB/T 7466—1987.
[39] GB/T 7475—87.
[40] Sun T，Fang N，Wang Y，et al. Application of novel activated carbon fiber solid-phase microextraction to analysis of chlorohydrocarbons in water［J］. Analytical Letters，2004，37（7）：1411-1425.
[41] Sun T，Jia J，Fang N，et al. Analysis of organochlorine pesticides in water by novel activated carbon fiber-solid phase microextraction coupled with gas chromatography-mass spectrometry［J］. Journal of Environmental Science-and Health Part B-Pesticides Food Contamin，2004，39（2）：235-248.
[42] 贾金平，冯雪，王亚林，等．活性炭纤维固相微萃取方法分析酱油中的苯甲酸［J］．分析化学，2002，30（1）：121-121.
[43] 贾金平，冯雪，方能虎，等．活性炭纤维固相微萃取/气相色谱-质谱联用测定水中苯系物［J］．色谱，2002，20（1）：3.
[44] 李贝妮，王亚林，贾金平．水果中多菌灵的衍生炭纤维固相微萃取气相色谱测定法［J］．环境与健康杂志，2008，25（3）：3.
[45] 李贝妮，陆也恺，麻寒娜，等．新型活性炭纤维固相微萃取衍生化与GC-MS联用测定牛奶中的碘［J］．分析实验室，2008（8）：67-70.
[46] 廖黎燕，王亚林，孙同华，等．新型循环冷凝固相微萃取方法的研究［J］．环境科学与技术，2006（6）：37-39＋117.
[47] 康迪，王亚林，贾金平，等．活性炭纤维-固相微萃取技术快速检测烤肉中多环芳烃［J］．环境科学与技术，2011，34（9）：88-91＋118.
[48] GB/T 15432—1995.
[49] HJ 618—2011.
[50] HJ 482—2009.
[51] HJ 479—2009.
[52] GB 3096—2008.
[53] GB/T 17141—1997.
[54] YC/T 386—2001.
[55] GB/T 13085—2018.
[56] GB/T 5009.199—2003.
[57] NY/T 1720—2009.
[58] 奚旦立．环境监测［M］．5版．北京：高等教育出版社，2019：266-271.
[59] 邢剑飞，王珺，李侃，等．不同基底BDD电极对模拟染料废水的降解脱色试验［J］．净水技术，2013，32（1）：55-59＋98.
[60] 方宁，贾金平，钟登杰，等．掺硼金刚石薄膜电极在水处理中应用的研究进展［J］．环境污染与防治，2007（9）：708-712.
[61] 俞杰飞，周亮，王亚林，等．掺硼金刚石薄膜电极电催化降解染料废水的研究［J］．高校化学工程学报，2004（5）：648-652.
[62] GB 3095—2012.
[63] GB/T 18883—2002.
[64] Charles T D，Robert P M，Hing M C，et al. Mercury as a global pollutant：sources，pathways，and effects［J］. Environmental Science&Technology，2013，47：4967-4983.
[65] Wang Z，Xie Z Q，Bridget A B. Mercury stable isotopes in ornithogenic deposits as tracers of historical cycling of mercury in Ross Sea，Antarctica［J］. Environmental Science & Technology，2015，49：7623-7632.
[66] Jonathan G M，Kevin Y，Gerard P. On the chalcogenophilicity of mercury：evidence for a strongHg-Se bond in［Tm^{But}］HgSePh and its relevance to thetoxicity of mercury［J］. Journal of the American Chemical Society［J］. 2010，132（2）：647-655.
[67] Lee J S，HanM S，Mirkin C A. Colorimetric detection of mercuric ion（Hg^{2+}）in aqueous media using DNA-func-

tionalized gold nanoparticles [J]. AngewandteChemie, 2007, 119 (22): 4171-4174.
[68] Tchounwou P B, Ayensu W K, Ninashvili N, et al. Environmental exposure to mercury and its toxicopathologicimplications for public health [J]. Environmental Toxicology, 2003, 18 (3): 149-175.
[69] Huang D, Xue W, Zeng G, et al. Immobilization of Cd in river sedimentsby sodium alginate modified nanoscale zerovalent iron: impact onenzyme activities and microbial community diversity [J]. Water Research, 2016, 106: 15-25.
[70] Gong X, Huang D, Liu Y, et al. Stabilized nanoscale zerovalent iron mediated cadmium accumulation and oxidative damage of boehmeria nivea (L.) gaudich cultivated in cadmium contaminated sediments [J]. Environmental Science & Technology, 2017, 51 (19): 11308-11316.
[71] Miyake Y, Togashi H, Tashiro M, et al. Mercury Ⅱ-mediated formation of thymine-Hg Ⅱ-thymine base pairs in DNA duplexes [J]. Journal of the American Chemical Society, 2006, 128 (7): 2172-2173.
[72] Tanaka Y, Oda S, Yamaguchi H, et al. 15N-15N J-coupling across Hg Ⅱ: direct observation of Hg Ⅱ-mediated T-T base pairs in a DNA duplex [J]. Journal of the American Chemical Society, 2007, 129 (2): 244-245.
[73] HJ/T 374—2007.

附录一

附录1.1 TH-150系列智能中流量总悬浮颗粒采样器使用说明

（一）仪器使用条件

（1）环境温度：20～45℃。

（2）相对湿度：≤85%。

（3）大气压：86～108kPa。

（4）供电电源：220V；频率：50Hz。

（二）仪器的主要特点

（1）将中流量总悬浮颗粒物（TSP）采样器和双路气体采样器作为一个整体。

（2）用文丘里管智能流量计来测量TSP采样气体流量，并通过微机控制抽气泵的抽气量来维持设定的流量稳定。

（3）仪器可预置开机时间、采样时间、间隔时间、采样流量，可输入大气压。

（4）可通过“查询”键，显示下列各种参数：累计实际采样体积，累计标况采样体积，累计采样时间，采样过程的平均温度。

（5）仪器采用优质抽气泵，运行噪声低，寿命长，重量轻。

（6）仪器内装有可充电镉镍电池，供交流电停电时保存数据和维持时钟运行。交流电来电时，可自动恢复采样，并同时对电池充电。

（7）仪器设有防雨罩供用户选配，仪器内装轴流风机散热，适用于24h全天采样。

（8）仪器体积小，重量轻，便于携带。

（三）仪器主要性能指标

（1）采样流量调节范围：90～120L/min（可根据用户要求扩展流量范围）；误差：±2.5%，TSP采样内设100L/min。

（2）气体采样流量范围：0.1～1L/min；准确度：2.5级。

（3）流量稳定性：设定流量为100L/min。当电压在198～242V波动或阻力在3kPa左右变化，采样流量相对变化小于8%。

（4）计时误差：24h累计误差小于1‰。

(5) 滤膜有效直径：ϕ90mm±2mm。

(6) 整机功耗及电机最大可输出功率：在电源电压220V、流量100L/min时，功耗小于100W，电机最大可输出功率350W。

(7) 在交流电停电的情况下，由机内的直流蓄电池向计算机部分电路供电，工作电流小于10mA。

(8) 开机采样可检测现场温度（K）；10min后，可查询平均温度（K）；可给出24h内的平均温度，通过“查询”键读出，示值偏差小于±2K。

(9) 设置走时时间为24进制可调，机内设定值为【00：00】。

(10) 设置定时开机时间最大为23时59分，机内设定值为【00：05】（5min）。

(11) 设置TSP采样时间最大为99时99分，机内设定值为【24：00A】（24h）。

(12) 可设置气体采样时间60min内可调，机内设定值C路为【00：30C】（30min）；D路为【00：2dC】（20min）。

(13) 设置采样间隔时间最大为100h内可调，开始时，机内设定值为【24：00b】（24h）。

(14) 可输入现场大气压，开始时，机内设定值为【101.3】kPa。

(15) 自动统计实际累计体积，标况累计体积，可通过查询读出。

(16) 仪器噪声：在放置一张滤膜、流量设定为100L/min的状态下，在单-TSP采样时，仪器噪声小于65dB（A）。

(17) 外形尺寸：224mm×238mm×172mm。

(18) 仪器质量：6kg。

(四) 仪器结构

附图1仪器由采样切割器、文丘里管智能流量计、温度检测电路、微机控制板、抽气泵、仪器外壳、显示屏、各种操作键和指示灯组成。

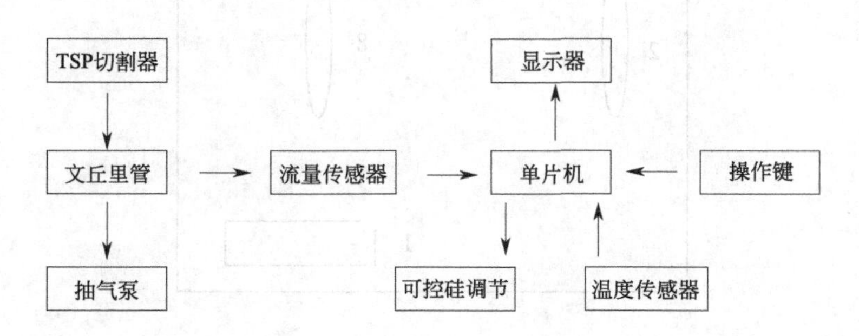

附图1 总悬浮颗粒物采样器组成

(1) 仪器采样流量恒定控制的原理。采样器用优质涡流抽气泵作动力，采样气体经过TSP切割器及滤膜，由抽气泵排气口排出。流量的大小与文丘里管内的压差成正比，高精度微压传感器将压差转换成电信号，微机将电信号转换成对应的流量值，并随时根据采集的温度信号和输入的大气压值对流量进行状态计算，并将实际流量与设定流量进行比较。当流量发生变化时，自动控制抽气泵的电机转速，从而改变抽气流量，使实际流量恒定在设定值。

（2）采样器面板设有 8 个触摸式按键（如附图 2、附图 3 所示），其功能如下。

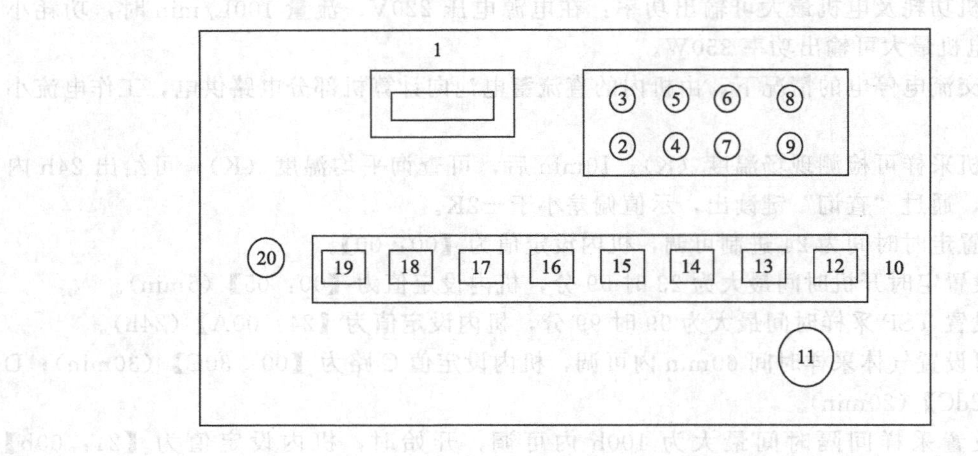

附图 2　面板结构示意图

1—显示屏；2—累计体积指示灯；3—设定流量指示灯；4—标况体积指示灯；5—气压指示灯；6—温度指示灯；7—累计时间指示灯；8—定开指示灯；9—平均温度指示灯；10—操作键盘；11—电源开关；12—查询键；13—数选键；14—间隔键；15—采时键；16—定开键；17—标时键；18—移位/流量双功能键；19—递增/温度双功能键；20—流量校正电位器

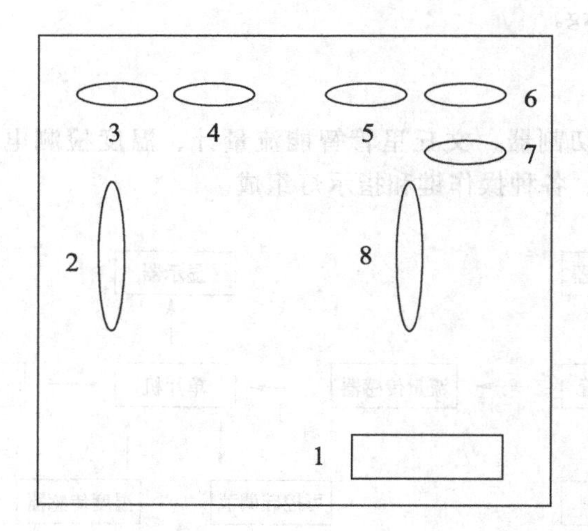

附图 3　背板结构示意图（以 TH-150C 型号为例）

1—气体采样自动/手动选择开关；2—C 路流量指示；3—C 路流量调节；4—C 路进气嘴；5—D 路进气嘴；6—温度传感器；7—D 路流量调节；8—D 路流量指示

（五）仪器操作方法（以 TH-150C 型号为例）

1. 调节状态操作

在此状态：【移位/流量】双功能键“移位”有效，【递增/温度】双功能键“递增”有效。

接通交流电，按下电源开关，显示屏上出现【00：00】。结合【移位／流量】键和【递增／温度】键输入当时的北京标准时间(24 进制可调)

↓

按【定开】键，“定开”指示灯亮，修改【00：05】为所需指定的开机时间(21 进制确定时开机时间比北京时间延迟)

↓

按【采时】键，修改【24：00A】为所需要的 TPS 采样时间。修改【00：30C】和【00：20d】为所需要的大气采样时间。背板“自动／手动”开关置于“手动”，可设定大气采样 C、D 路所需流量；置于“自动”将定时采样

↓

按【间隔】键，修改本次采样结束到下次采样开始之间的间隔时间。如果用户不利用循环采样功能可不修改【24：00b】。每次采样完毕后关机即可。

↓

按【数选】键，修改【101.3】为当时当地的大气压。设定流量【100.0】L/min，用户可不必修改。进入采样状态后，温度可自动测量，用户不必修改【293.0】

注：仪器开机后，如果不修改任何参数，5min 后，仪器将按机内设定值进入采样状态采样。

2. 采样状态操作及键功能

当标准时间和定开时间一致时，仪器进入采样状态，TSP 抽气泵及 C、D 路小气体泵同时启动工作。

按【递增/温度】双功能键，此时“温度”有效，查询现场试剂温度的瞬时值。

按【移位/流量】双功能键，此时“流量”有效，查询 TSP 采样实际流量。

按【标时】键，可查询当时的北京标准时间。

按【数选】键，可查设定大气压、现场温度瞬时值、设定流量。

按【定开】键，查询定时开机时间。

按【查询】键，可查询标况累计体积、实际累计体积、累计时间、平均温度。

采样状态中，如果交流电断电，仪器由机内直流蓄电池供电，进入掉电状态。掉电状态采样体积和采样时间都不累计。可查询各种数据。

交流电来电后，仪器将从掉电状态自动恢复采样状态，采样体积及采样时间继续累加。

3. 采样结束后操作

采样结束后，用户记录下各种采样数据，收好取样滤膜，换上新滤膜。间隔时间到，仪器各种查询数据将自动清零，重新进入新一轮的循环采样；或者关掉电源下次采样，又重新设定各种参数。

附录 1.2 切割器使用说明

（一）概述

大气中颗粒物浓度的高低，是评价大气环境空气质量优劣的重要参数之一。目前，大气颗粒物浓度设有三种标准，即总悬浮颗粒物（TSP）浓度标准、可吸入颗粒物（PM_{10}）浓度标准和呼吸性颗粒物（PM_5 或 $PM_{2.5}$）浓度标准。国外多数国家特别是发达国家，已由过去对大气总悬浮颗粒物浓度监测，变为对大气可吸入颗粒物（PM_{10}）和呼吸性颗粒物（PM_5 或 $PM_{2.5}$）浓度的监测。因为后两者对人类的危害最大。我国目前仍实行总悬浮颗粒物浓度监测标准，但已有部分省、市开始对大气可吸入颗粒物（PM_{10}）浓度进行监测，并以此来评价大气环境空气质量的好坏。目前国家环境保护部门已着手草拟实行可吸入颗粒物

浓度监测相关的法规和实施细则，我国由对总悬浮颗粒物浓度监测转向对可吸入颗粒物浓度监测的时代即将到来。

该切割器是根据国家标准 HJ 618—2011 中关于大气飘尘（可吸入颗粒物）的要求（$d_{a50}=10\mu m \pm 1\mu m$，$\sigma_g \leqslant 1.5\mu m$）和总悬浮颗粒物（TSP）采样入口的要求（入口速度为 0.3m/s，$b/a=0.625$）进行设计的，设定采样流量为 100L/min±5%。研制完成后，经国家技术监督授权单位——中国预防医学科学院环境卫生与卫生工程研究所，采用单分散相荧光素铵球形粒子（$C_{20}H_{15}O_5N$）对其粒子捕集效率进行测试，其测试结果为：

$$\eta=139.81-5.2860d_a-0.65983d_a^2+0.03056d_a^3$$

式中　η——粒子捕集效率，%；

d_a——粒子空气动力学直径，μm。

回归结果 $d_{a50}=10.2\mu m$。

满足国家标准 HJ 618—2011 中关于大气飘尘（可吸入颗粒物）采样器的要求。

该切割器设计合理、结构简洁、性能稳定、使用方便、适用性强，采用不同的组合接驳目前国内广泛使用的中流量大气采样器，即可构成中流量大气可吸入颗粒物采样器，实现对大气可吸入颗粒物浓度的监测，或总悬浮颗粒物浓度监测。

（二）结构及主要技术指标和参数

1. 结构

该切割器应用惯性撞击原理设计，其构成如附图 4 所示。

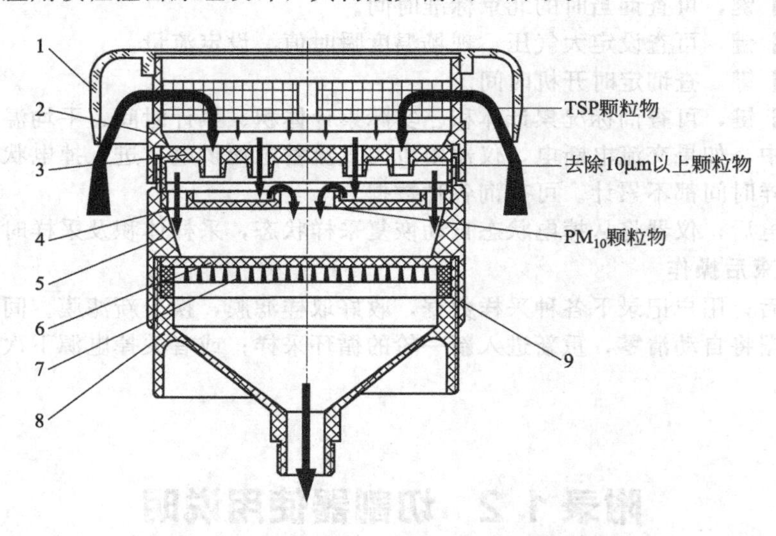

附图 4　TH-PM10-100 型大气可吸入颗粒物切割器结构

1—风罩；2—入口栏座；3—孔板；4—冲击板；5—冲击板座；6—滤膜压盖；7—网板；8—滤膜托座；9—密封垫

风罩和入口栏座组成了 TSP 采样入口（入口速度 0.3m/s，$b/a=0.625$），孔板、冲击板和冲击板座组成 PM_{10} 切割器的心脏，而滤膜压盖、网板、滤膜托座、密封垫组成普通的滤膜夹安装滤膜。如果将孔板和冲击板取出，则为 TSP 采样入口；全部装上，则为 PM_{10} 切割器，使用十分方便。

2. 主要技术指标及技术参数

（1）切割特性：$d_{a50}=10\mu m \pm 1\mu m$，$\sigma_g \leqslant 1.5\mu m$。

（2）入口速度：0.3m/s。

（3）$b/a=0.625$。

（4）采样流量及稳定度：100L/min±5%。

（5）滤膜：ϕ80mm。

（6）连接头：M18mm×2mm。

（三）使用方法

1. 使用前的准备

（1）准备 ϕ80mm 干净滤膜在规定条件下称初重、编号备用（该滤膜可用于采集 PM_{10} 和 TSP）。

（2）中流量采样器采样流量设定为 100L/min，用中流量校准器校准流量。此项操作可由用户根据实际使用频率以决定进行与否。在一般情况下，流量校准可以间隔半年进行一次。

（3）对 PM_{10} 切割器进行涂抹硅胶或凡士林操作，操作方法如下。

取出冲击板和孔板，用中性洗涤剂浸泡，除去积尘及污物，再用蒸馏水冲洗，最后用脱脂棉蘸 95%的乙醇擦拭晾干后涂抹上硅油（可用国产 7501 真空硅脂）或凡士林，涂抹时尽可能地薄且均匀。涂抹冲击板时不要涂抹在槽孔边缘上，涂抹孔板时硅油（学名为聚硅氧烷）不要涂抹在孔的斜口及孔内，此项操作每月做一次即可。（注意：此项操作必须进行，如果忽略了此项操作将造成 PM_{10} 测量浓度超差。）

2. PM_{10} 采样步骤

（1）采样器流量设为 100L/min。将编好号、称初重后的干净滤膜装在滤膜夹内，毛面向上，然后将滤膜夹还原到 PM_{10} 切割器相应位置。

（2）采样器流量设定为 100L/min，装上准备好的 PM_{10} 切割器，设定好采样时间即可进行 PM_{10} 颗粒物采样。

3. 总悬浮颗粒物（TSP）浓度采样步骤

拧开 PM_{10} 切割器采样入口，取出孔板和冲击板，然后再拧上采样入口，装上编好号、称初重后的干净滤膜即可对总悬浮颗粒物进行监测，采样流量与 PM_{10} 采样流量相同，均为 100L/min。

不同环境下 PM_{10} 颗粒物占总悬浮颗粒物（TSP）的比例会有所不同，用户只要按上述操作采样，即可保证所采样品为有效样品。

附录二

HS5633A型数字声级计的使用方法

（一）准备

（1）按下电源按键（ON），接通电源，预热半分钟，使整机进入稳定的工作状态。

（2）电池电压下降到正常工作电压以下，即显示器出现“:”时，应更换新电池。

（二）声级过载指示的设定

（1）将“功能选择开关”置于“设定”。

（2）用起子调节“声级设定电位器”，使显示器显示所要的声级。

（3）将“功能选择开关”拨至“测量”。

注：设定结束后，当输入声级超过设定的声级时，过载指示灯亮。设定已在实验前进行，实验时将“功能选择开关”直接拨至“测量”档即可。

（三）测量

（1）将“时间计权特性选择开关”置于“F（快）”或“S（慢）”。

（2）将“功能选择开关”置于“测量”。

（3）显示器上的读数即为测量结果。

注：测量最大声级时，按一下“最大值保持开关”，显示器上出现箭头号并保持住测量期间内的最大声级。

HS5633A型数字声级计如附图5所示。

附图5　HS5633A型数字声级计